物理超厉害

摩天大楼

中的物理

[英]萨利·斯普雷/著 [英]马克·拉夫勒/绘

马雪云/译

中信出版集团|北京

图书在版编目（CIP）数据

摩天大楼中的物理 /（英）萨利·斯普雷著 ;（英）
马克·拉夫勒绘；马雪云译. -- 北京：中信出版社，
2021.6（2024.5重印）
（物理超厉害）
书名原文：Awesome Engineering Skyscrapers
ISBN 978-7-5217-1991-8

Ⅰ.①摩… Ⅱ.①萨…②马…③马… Ⅲ.①物理学
－少儿读物 Ⅳ.①O4-49

中国版本图书馆CIP数据核字(2020)第110039号

摩天大楼中的物理
（物理超厉害）

著　者：［英］萨利·斯普雷
绘　者：［英］马克·拉夫勒
译　者：马雪云
出版发行：中信出版集团股份有限公司
　　　　　（北京市朝阳区东三环北路27号嘉铭中心　邮编　100020）
承 印 者：北京联兴盛业印刷股份有限公司

开　　本：889mm×1194mm　1/16　　印　张：12　　字　数：300千字
版　　次：2021 年 6 月第 1 版　　印　次：2024 年 5 月第 3 次印刷
京权图字：01-2020-1266
书　　号：ISBN 978-7-5217-1991-8
定　　价：129.00 元（全6册）

出　品：中信儿童书店
图书策划：如果童书
策划编辑：张文佳　　责任编辑：温慧　　营销编辑：张远
封面设计：姜婷　　内文排版：王莹　　审　定：樊少飞

目录

建高楼

摩天大楼塑造了整个城市的天际线。这些大楼高耸入云，把城市的天空分割成一块块独特而奇妙的形状。要想在全世界建造出振奋人心的摩天大楼，需要那些有雄心和想象力的天才工程师们。

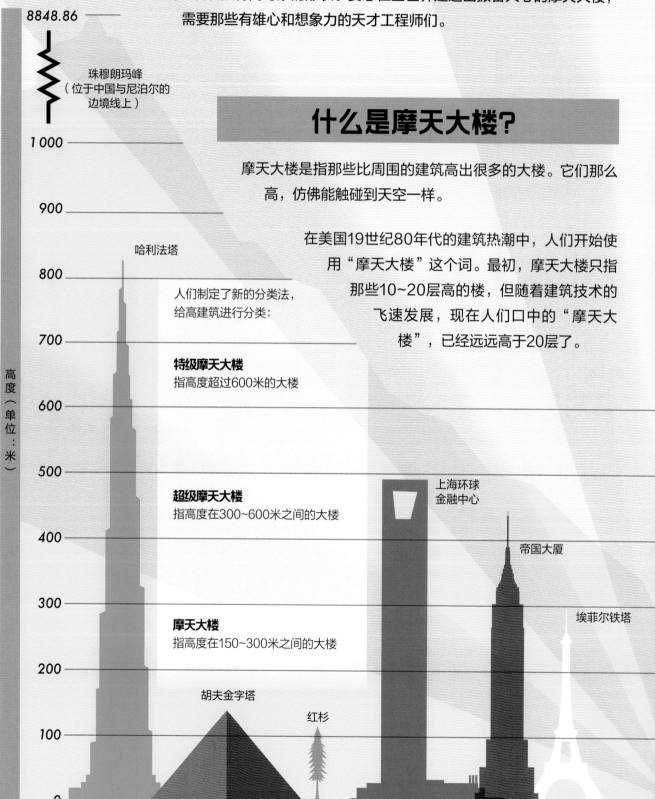

8848.86

珠穆朗玛峰
（位于中国与尼泊尔的边境线上）

1 000

900

哈利法塔

800

700

600

500

400

300

200

胡夫金字塔

红杉

100

0

高度（单位：米）

什么是摩天大楼？

摩天大楼是指那些比周围的建筑高出很多的大楼。它们那么高，仿佛能触碰到天空一样。

在美国19世纪80年代的建筑热潮中，人们开始使用"摩天大楼"这个词。最初，摩天大楼只指那些10~20层高的楼，但随着建筑技术的飞速发展，现在人们口中的"摩天大楼"，已经远远高于20层了。

人们制定了新的分类法，给高建筑进行分类：

特级摩天大楼
指高度超过600米的大楼

超级摩天大楼
指高度在300~600米之间的大楼

摩天大楼
指高度在150~300米之间的大楼

上海环球
金融中心

帝国大厦

埃菲尔铁塔

为什么建造摩天大楼？

很久以前，人们就喜欢建造高层建筑，以此来展示自己的财富和权力。金字塔、教堂、清真寺要建得宽敞、高大，方便人们看见并找到。20世纪30年代的纽约，大公司竞相建造世界上最高的大楼，摩天大楼这才真正出现了。

往高处盖楼的实际原因，是为了节省地面空间。由于城市规模不断扩大，需要为人们提供更多的住家和办公场所。但是城市地面的空间有限，因此盖高楼就很有必要了。

纽约的摩天大楼。

东京晴空塔是全世界最高的塔。晴空塔既不是住宅楼，也不是办公楼，所以不算摩天大楼。

建摩天大楼的挑战

建高楼，要面对很多挑战。摩天大楼必须能承重，能够撑住自身和身上负载（住在摩天大楼里的人和放在大楼里的物品）的重量，而且还要坚固，能承受住恶劣的天气，甚至是地震。

为了成功建造一座独特的摩天大楼，工程师、建筑师和测量员需要认真考虑建筑概况，进行规划设计，为整项工程挑选合适的材料和技术。

巧妙的工程，只把蓝天当作摩天大楼的最高点。

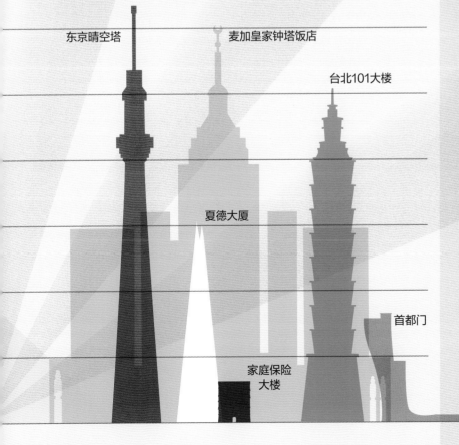

东京晴空塔　　麦加皇家钟塔饭店　　台北101大楼　　夏德大厦　　首都门　　家庭保险大楼

家庭保险大楼

家庭保险大楼位于美国的芝加哥，这座大楼建于1885年，被公认为世界上第一座摩天大楼。家庭保险大楼的设计和建造方式都颠覆了传统，它率先使用了坚固的材料，点燃了人们建设高楼的雄心。

建筑设计简介

在芝加哥建一座办公楼，要求最大化利用有限的地面空间。

建筑设计师：威廉·勒巴伦·詹尼

地点：美国芝加哥

如果用现在的标准去看家庭保险大楼，它其实并不高。为了给更高的拉萨尔银行大楼腾地方，家庭保险大楼于1931年被拆除。

金属框架

家庭保险大楼使用了一种金属框架作为大楼的主体框架，所以才能建得那么高。建筑师威廉·勒巴伦·詹尼是从他妻子那里得到的这个灵感。他的妻子把一本厚重的大书放在一个铁丝鸟笼顶部，而那本书竟然稳稳当当。詹尼意识到，大书的重量均匀地分布在了鸟笼的细铁丝上，这样整个结构就会更稳定了。

钢铁的力量

大楼刚开始动工时，制作其框架使用的是生铁和熟铁这样的材料。过了一段时间，詹尼决定尝试一种新材料——钢。这种做法史无前例，因此引起了市政官员的担心，他们勒令停止建设，以便对大楼的安全性进行评估。

詹尼使用钢的做法是正确的，因为钢比铁更适合做建筑材料。比起铁，钢更轻巧、坚固，而且没那么容易生锈。他的明智选择，改变了后来大楼的建造方式，大家都开始使用钢材。

正因为是钢结构，而不是砖墙在承受大楼的重量，家庭保险大楼才可以有那么多的大窗户，来保证大楼内部的采光。

高 42 米 *

金字塔形基础结构

重力会一直向下拉扯大楼，每增高一层，大楼的重量都会增加。为了支撑这样的重量，大楼必须要有坚固的底部。大楼的底部一般建在地下，叫基。家庭保险大楼的基础由数个金字塔形结构构成。每个金字塔结构底部最宽，顶上是较小的方形，这种形状有助于平衡和承受大楼的重量。这样的基础叫扩展式基础（参见第9页）。

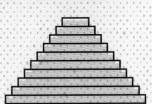

基础里有数个金字塔形的结构。整个基础深达6米，以层层的块石、水泥和碎石头建成。

*后期扩建了两层，高度达到55米。

克莱斯勒大厦

20世纪30年代早期，纽约出现了一场建筑热潮，整个城市到处都在建摩天大楼。其中，克莱斯勒大厦这一标志性的设计，反映出了建筑机械和建造技术的蓬勃发展。

建筑设计简介

建造一座令人印象最为深刻的高楼当作地标，同时也作为克莱斯勒汽车公司的办公楼。

建筑设计师：威廉·范·阿伦

地点：美国纽约

冲向蓝天

汽车制造商沃尔特·克莱斯勒想造一座全世界最高、最雄伟的大楼。为了保证这座大楼是当时最高的，建筑设计师还秘密地在顶部组装了一个37米高的尖顶，让这座大楼在1930年成为世界上最高的大楼。但仅仅11个月后，这座大楼就被几个街区外的帝国大厦超越，变成了第二高楼。

当时要求这座大楼的设计能反映出克莱斯勒汽车的风格特征，因此大楼上有鹰头装饰，而且装饰大楼的线条也和一楼展厅里的汽车散热器帽盖上的线条一样。

钢结构

克莱斯勒大厦采用钢框架结构进行建造。垂直的钢柱，坐落在基础上，支撑着整个大楼的重量。连在垂直柱上的水平梁，支撑着房顶和每个楼层。垂直柱和水平梁通过一种叫铆钉的金属钉子被牢牢连接在一起。

正是这个钢框架，而不是四周的砖墙，撑起了整座建筑。外表的砖墙叫围护墙，围护墙附在钢框架上，可以为大楼内部遮风挡雨，但不能为大楼承重。

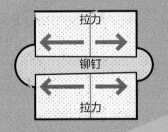

克莱斯勒大厦总共使用了391881个铆钉，以固定大楼框架。铆钉很适合承担拉力，能稳稳地拉住可能崩塌的水平梁和垂直柱。

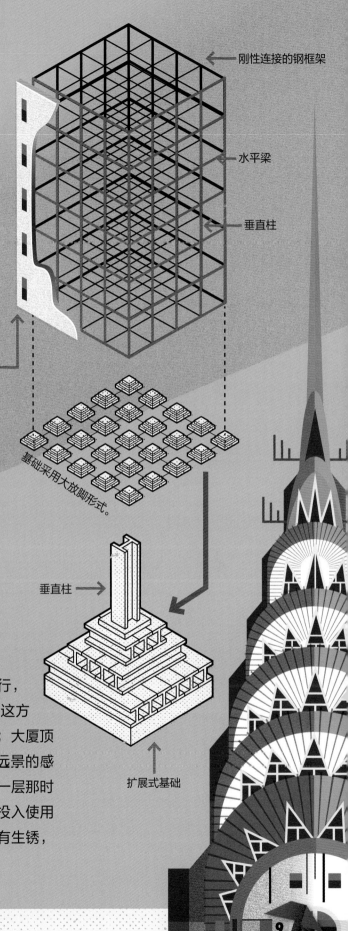

刚性连接的钢框架

水平梁

垂直柱

围护墙

基础采用大放脚形式。

垂直柱

扩展式基础

外观设计

20世纪20年代到30年代，装饰艺术派建筑风格盛行，这在当时是一种新的时尚潮流。克莱斯勒大厦就是这方面的典型代表。大厦外面的白砖墙看起来轻巧明亮；大厦顶部由7个拱组成，从下到上越来越窄，制造出一种远景的感觉，让整座大厦看起来比实际更高。大厦外面覆盖一层那时新出的亮闪闪的钢材，叫奥氏体不锈钢。这种钢材投入使用前，在风雨中经过了为期数月的测试。它现在还没有生锈，也从未更换过。

帝国大厦

帝国大厦于1931年完工，高443米，是纽约的地标建筑，也是全世界最有名的建筑之一。

建筑设计简介

建造纽约市最高的楼，要高过克莱斯勒大厦，成为全世界最高的楼。虽然要很高，但是不能挡住楼下街道的阳光。

建筑设计师：施里夫、兰姆和哈蒙
结构工程师：霍默·巴尔科姆

地点：美国纽约

快速成楼

帝国大厦的设计和建设都极为快速。建筑设计图仅用了两周时间就完成了。整个工程也严格按照每周四层半的速度建设。

帝国大厦建设时期，正赶上建筑工业高速发展。新的建造手段不断被采用，比如装配线；在特别铺设的铁轨上运送建筑材料；在建筑四周设置滑道供砖块水平运输和垂直运输。这一切，都加快了建筑速度，降低了工人使用手推车的频率，并保证工地周边区域有充足的建筑材料。

高443米

电梯

如果没有在1853年发明电梯，就不会有摩天大楼的崛起。如果只有楼梯能上去，那没有人会愿意在一个一百多层的大楼里工作或生活。帝国大厦的电梯在大楼的中间，周围是钢框架，这能使大厦内部更加稳定。

一位工人正站在高处安装一盏灯。

帝国大厦刚开始使用的时候，有64部电梯，现在有73部。

第58层的原始设计图

电梯周围的钢框架

越来越窄

随着高楼越来越多，纽约市政府出台了一项新法律，要求所有高楼的顶部都要呈锥形，以免遮住楼下街道的阳光。这一点，在帝国大厦的设计上也可以看出。帝国大厦越往上越窄。大厦这种越来越窄的结构有一个优势，就是下面较宽的部分可以支撑上面较窄的部分。

我们可以在大约200部电影里看到帝国大厦的身影，其中最有名的攀爬者是一只大猩猩，它来自1993—2005年期间所拍摄的系列电影《金刚》。

像桅杆一样的帝国大厦顶部，本来是打算用来系住飞艇的。但是实践证明，这样做过于危险。因为大厦四周的强风，会让飞艇一直晃动，不能保持稳定。

顶部越往上越细。

威利斯大厦

威利斯大厦，开始时叫西尔斯大厦，建设过程中使用了一种将钢框架束在一起的新方法，于1973年竣工。这种崭新的设计方法，让大楼可以盖得更高、更坚固，同时成本更低，激发了人们更强烈的建筑兴趣。

束筒结构

工程师法兹勒想到了一种建设摩天大楼的新方法，那就是束筒结构。这种结构可以替代一个又一个排列起来的钢框架，能提供更强的支撑力，抗风能力和抗震能力也更强。威利斯大厦所使用的束筒里包括9个钢框架。

建筑设计简介

使用一种崭新的方法，为世界上最大的零售商，建设一座总部办公楼。

建筑设计师：布鲁斯·格雷厄姆（SOM建筑设计
　　　　　　事务所）

结构工程师：法兹勒·拉赫曼·汗

地点：美国芝加哥

在思考如何设计时，我会把自己想象成一座建筑，感受整座建筑的各个角落。同时用身心去感知这座建筑所承受的压力和扭曲。

——工程师法兹勒·拉赫曼·汗

束筒结构和平面配置图

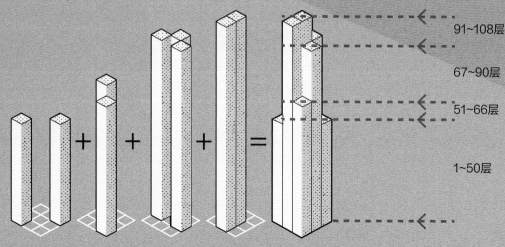

91~108层

67~90层

51~66层

1~50层

在外部放置较低的框架，来支撑最高框架的重量。

悬挑

束筒结构把较矮的框架放在较高的框架外侧，以便约束支撑较高的框架。较矮的框架可以侧向约束较高框架的竖向荷载和水平荷载，同时能分散整座建筑的重量。如果结构的一部分可以凭借主结构的支撑和约束，向外或向上一直延伸出去，这部分就称为悬挑结构。就像一个巨大的跳水板，有一端被牢牢固定。

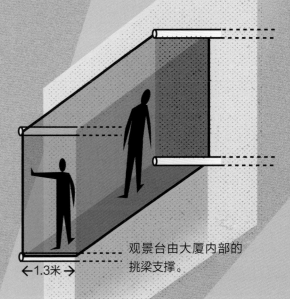

观景台

高520米

1973—1998年间为世界第一高楼。

观景台

观景台高412米，于1974年增建，由几个伸缩式的大玻璃箱组成。这些箱子被位于大厦内部一侧的挑梁稳稳固定住。观景台可以沿着轨道从大厦正面移出。

1.3米

观景台由大厦内部的挑梁支撑。

每个观景台的玻璃箱子，都由3层厚达1.2厘米的玻璃制成，四周以薄铁架固定。这种设计，让游客有一种悬在半空的感觉。

吉隆坡石油双塔

吉隆坡石油双塔高达452米，是世界上最高的双塔楼。设计之初的目标就是让石油双塔成为马来西亚首都吉隆坡最高的大楼。在设计和建造过程中，工程师们必须要考虑如何应对那里松软的土壤和大风，因为这些都会给建筑带来影响。

建筑设计简介

建造一座供企业和商户使用的双塔大楼。这座双塔大楼要能反映出马来西亚的文化遗产和伊斯兰教的建筑风格，而且必须能够承受速度达到100千米/时的大风。

建筑设计师：西萨·佩里

结构工程师：桑顿·托马赛蒂

地点：马来西亚吉隆坡

移动天桥

两座塔之间，由位于第41和42层之间的天桥相连。这座桥并不固定于任何一座塔，而是可以滑进滑出。大风会让高楼晃动，有时能使两座塔之间的距离增加75厘米。如果天桥固定在两座塔之间，就会很容易被大风摧毁。

天桥由一个三角形拱支撑。拱的落脚点是一个可以像人的髋关节那样移动的球形轴承。

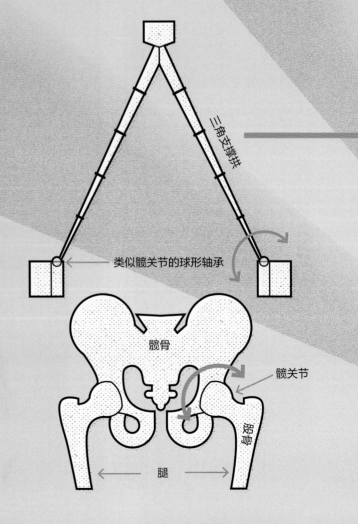

基础

在早期建造过程中，人们就发现那里的土壤过于松软，难以支撑高楼的重量。因此，工程师和设计师不得不建造非常深的基础。他们需要一直向下挖，直到挖到坚硬的石灰岩。之后，他们在每座塔的基础里填满了104根长短不同的混凝土桩。这些混凝土桩，最短的有60米，最长的有114米。

混凝土

双塔的建造使用了混凝土，并在混凝土里面插入钢筋，这种构造叫作钢筋混凝土。这样可以降低需要进口的钢材数量，从而降低成本。钢筋混凝土也更为坚固，能减少建筑物的晃动。虽然这也会让整座建筑的重量增加，但有了世界上最深的基础，这也不算什么问题。

高452米

钢筋

混凝土

钢筋混凝土

圣玛莉艾克斯 30号大楼

伦敦上空可以看到很多形状奇特的摩天大楼的顶，比如圣玛莉艾克斯30号大楼（又称瑞士再保险公司大楼）。这座大楼因其圆柱形的外形，也被称为小黄瓜。大楼吸睛的设计，同时满足了建筑外部和内部有效利用空间的实际需求。

高180米

建筑设计简介

在伦敦金融区建造一座节能办公大楼。由于所选地区已经有其他高楼，因此只能利用剩下的空间去建造，而且外观设计要新颖、有趣。

建筑设计师：诺曼·福斯特和肯·夏托沃斯
结构工程：奥雅纳工程顾问公司

地点：英国伦敦

斜肋构架

支撑圣玛莉艾克斯30号大楼的钢框架，是一种斜肋构架。这种构架的钢构件呈对角相连，钢构件通过焊接或者螺栓固定在一起。

斜肋构架支撑着整座建筑的重量，通过斜梁将重量以之字形向下分布在整个构架上。这样，构架内部就不再需要垂直柱，可以给建筑留下更多空间，也让建筑更加轻盈。

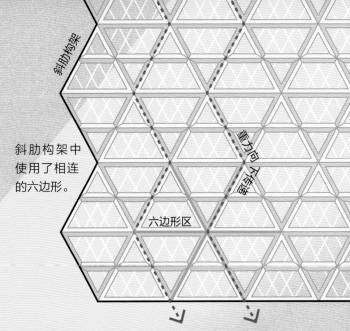

斜肋构架中使用了相连的六边形。

六边形区

斜肋构架

重力向下传递

从该建筑外观的三角形和菱形花纹上可以看出斜肋构架。

斜肋构架是指一系列连在一起的三角形结构，将重力和侧向支撑结合在一起，使用这种结构的建筑，会比一般的建筑更稳定、更轻盈。

——康托·塞努克，结构工程师

节能

天气和电脑系统的配合，形成一个供暖系统，它消耗的能量只有其他同样规模大楼的一半。刮到外墙上的风，可以从墙面缝隙进入大楼。空气进入时，会被墙面玻璃加热，这就是太阳能热增益。有一个专门的电脑系统随时监测大楼的温度，一旦发现温度过高，就会打开窗子。

电脑设计

这座大楼的早期设计在电脑上进行了测试，使用的是一款通常用来设计飞机和航天火箭的建模软件。测试结果显示，这座大楼可以不用曲面玻璃，而使用平板玻璃即可。实际上，这座大楼只在最顶部使用了曲面玻璃。

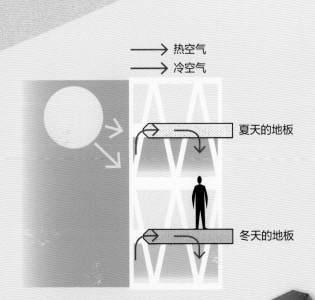

热空气
冷空气
夏天的地板
冬天的地板

台北101大楼

台北101大楼高达508米，是全世界超高建筑之一。这座大楼坐落在中国台湾的省会城市台北。大楼200米外就是一条主要的断层线——地震活跃的地方。

建筑设计简介

建一座地标性的建筑，可以抵御地震和台风。

建筑设计师：李祖原
结构工程师：桑顿·托马赛蒂

地点：中国台湾的台北

巨大的钟摆

台北101大楼有一个特殊的工程特征：在88楼到92楼之间，悬挂了一个巨大的铁球，叫作调谐质量阻尼器。这个大铁球就像一个大钟摆，轻轻地来回晃动，以降低整座大楼的晃动幅度。

1999年，台北发生了一场地震，摧毁了10000多座建筑。

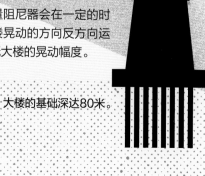

地震时，调谐质量阻尼器会在一定的时间差后，随着大楼晃动的方向反方向运动，这样就能降低大楼的晃动幅度。

大楼的基础深达80米。

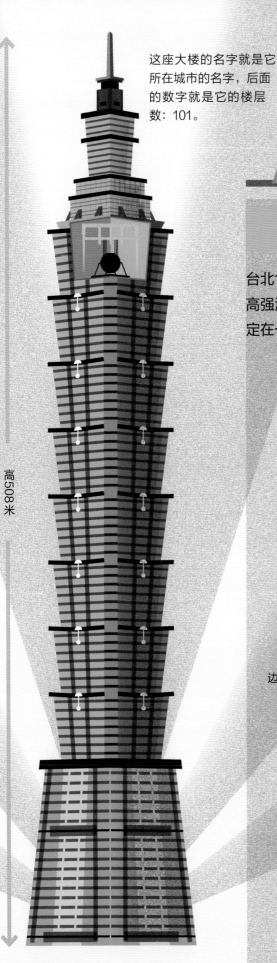

这座大楼的名字就是它所在城市的名字，后面的数字就是它的楼层数：101。

高508米

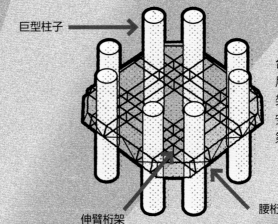

台北101大楼的调谐质量阻尼器是世界上最大的。它的直径长达5.5米，重约662吨。

巨型柱子

台北101大楼的外部有8根巨型柱子。这些柱子由钢管柱内填充高强混凝土制成。巨型柱子彼此之间是由腰桁架和伸臂桁架固定在一起的。这些就是整个结构的梁，帮助稳定结构。

巨型柱子 →

台北101大楼每8层为一组，腰桁架和伸臂桁架都安装在每一组的第八层里。

伸臂桁架

腰桁架

边角 →

边角

大楼每部分留的边角，用来降低强风的影响。强风直吹大楼或围着大楼吹时，这种独特的边角可以减弱风的力量。

风

巴林世界贸易中心

巴林世界贸易中心建于2008年，是世界上第一座使用风力发电的摩天大楼。高达240米的双塔，由三座桥相连，每座桥上都有一个巨大的风力涡轮机。

建筑设计简介

为正在蓬勃发展的麦纳麦建造一座新的贸易中心，使其成为城市焦点，同时兼顾大楼的可持续性和绿色环保。

建筑设计师：肖恩·奇拉（阿特金斯集团）
结构工程：阿特金斯集团

地点：巴林麦纳麦

从海上看去，
麦纳麦的巴林世贸中心大楼天际线。

翼型塔

世贸中心大楼建在海边，大楼的外形看起来像一艘巨大的帆船。不过，这个外形不全是为了美观，而是有着更实际的作用。双塔的形状有助于使固定在塔之间的风力涡轮机获得动力。

从上往下看，每座塔都呈椭圆形，和飞机的机翼形状类似。这种形状可以让海上吹来的风，略过弧形大楼，直接吹向双塔中间的涡轮机。

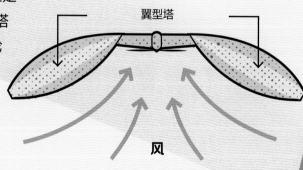

翼型塔

风

巴林世贸中心俯瞰图

风力

全世界的高楼大厦，每年消耗的能量占全球总能量的三分之一。因此，让高楼节能非常重要。建筑设计师肖恩·奇拉设计的巴林世界贸易中心，有一个自动发电的装置——风力涡轮机。每个涡轮机直径长达29米。当它们旋转工作时，能产生整座大楼所需能量的11%~15%。

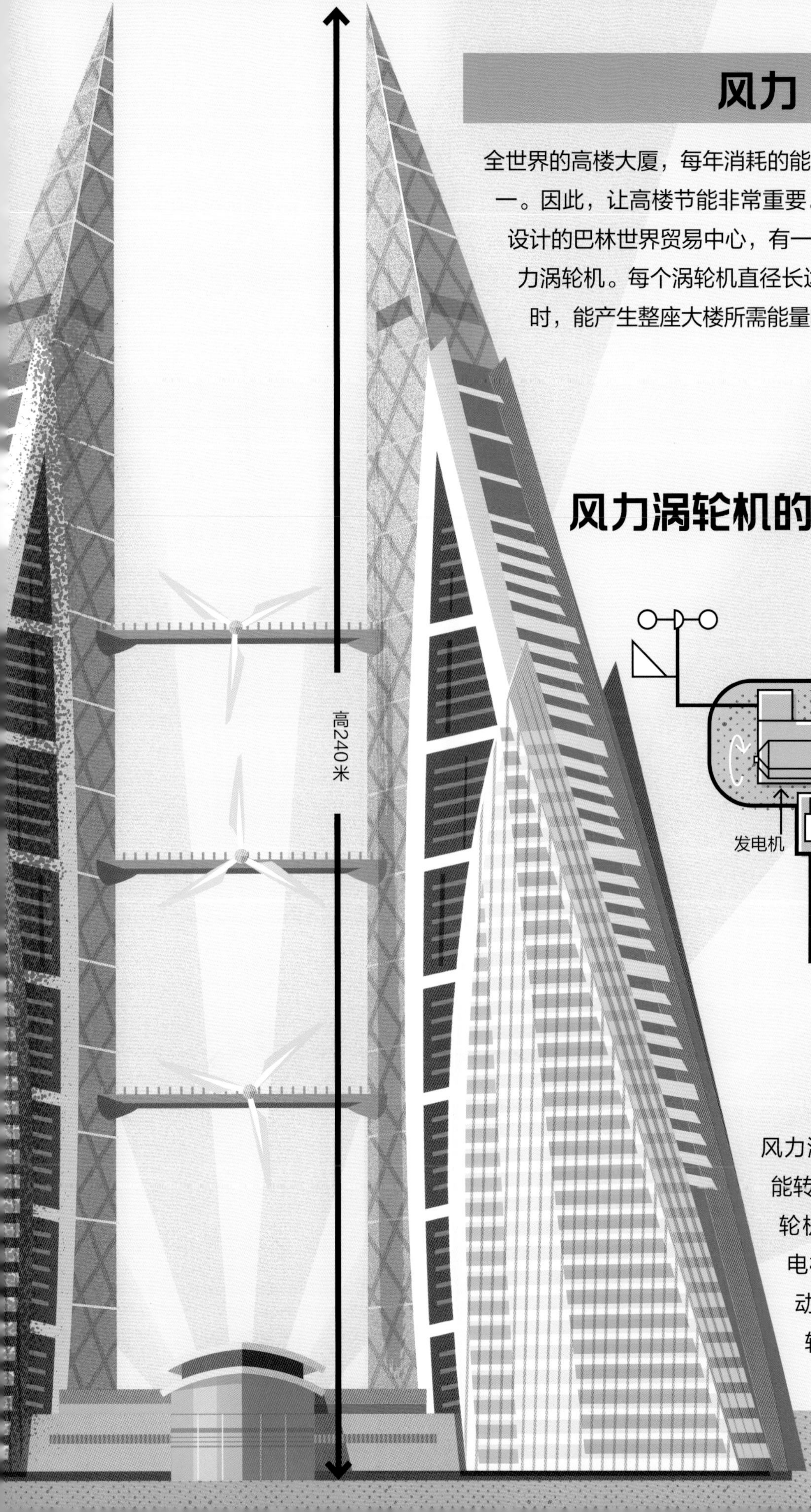

高240米

风力涡轮机的工作原理

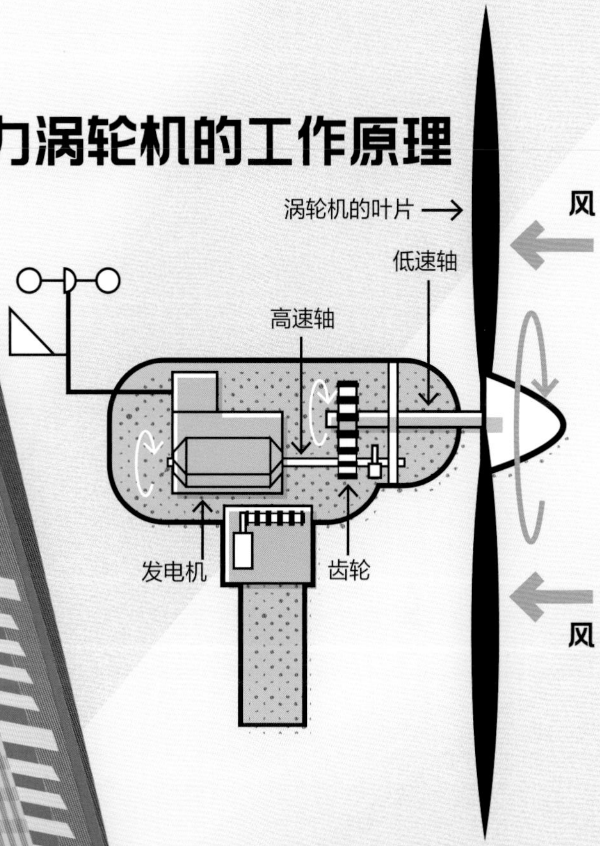

涡轮机的叶片 →

风

低速轴

高速轴

发电机   齿轮

风

风力涡轮机把风的部分动能转变成电能。风吹动涡轮机的叶片，带动与发电机相连的轴，进而带动发电机内部线圈旋转，从而产生电力。

哈利法塔

2009年，哈利法塔成为世界第一高楼。这座塔高达828米，是一座特级摩天大楼。在迪拜，想要看不见哈利法塔很难，因为它实在太高了，已经成为迪拜惊艳的地标性建筑。

建筑设计简介

为迪拜市建造一个中心建筑，集住宅和酒店于一体。这个建筑要令人眼前一亮，并能为国家吸引游客和商业资源。

建筑设计师：阿德里安·史密斯
（SOM建筑设计事务所）

结构工程师：比尔·贝克

地点：阿联酋迪拜

高828米

扶壁核心

哈利法塔使用了束筒结构（参见12页），大楼中间有一个六边形的框架，被称为扶壁核心筒。随着大楼变高，这个核心筒就像一个特别加强的脊柱，支撑着整座大楼。三个侧翼围绕扶壁核心筒。每个侧翼都有其混凝土核心和外围支柱，通过六边形的扶壁核心筒为其他侧翼提供支撑。

随着高度的增加，大楼在27个不同的地方逐渐收紧变窄，形成一个上升的螺旋形。这样复杂的设计能让大楼更加坚固。扶壁核心筒最终在大楼的顶端显露出来，构成塔尖。

第152层的设计图

第99层的设计图

第7层的设计图

六边形扶壁核心筒

融合了传统的五角星和典型的伊斯兰教风格的
三角形图案。

抗风

哈利法塔越来越细的锯齿状建筑边缘，可以减弱风力。风吹向大楼外部的时候，由于受到大楼边缘的影响，会以不同的速度转移到各个方向，以此降低吹向大楼的力度。大楼的外部设计经历了40次风洞测试，以确保大楼可以顶住强风。

从下面的图可以看出，哈利法塔层高不同，
减弱风力的方式也不尽相同。

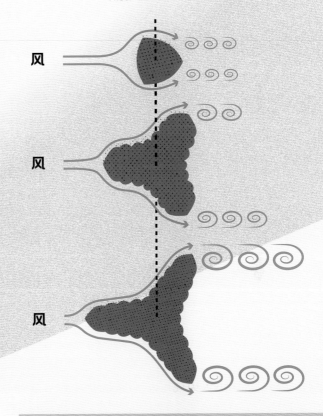

风

风

风

摇晃

哈利法塔的顶部可以随风摇晃1.5米。这好像有点耸人听闻，但是大楼确实需要随风摇晃。如果整座大楼在风里岿然不动，那风就会给整座大楼带来很大的压力，更有可能会造成大楼坍塌。建筑物就像树上的树枝一样需要随风摇晃。

垂直森林

垂直森林，是2014年建于意大利米兰的两座环保建筑。它们可能不算是特别高的摩天大楼，但却超级有创意。将建筑和风景完美结合，这样，高层住户们也可以拥有花园了。

建筑设计简介

在繁忙的米兰市里，建一个具备可持续性和生物多样性的居住区，同时降低空气、热能和噪声污染。

建筑设计师：斯坦法诺·博埃里、贾南德雷亚·巴雷卡、乔瓦尼·拉瓦拉（三人均属博埃里工作室）

地点：意大利米兰

1号楼

高112米

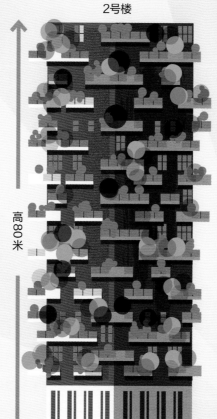

2号楼

高80米

城市森林

建筑设计师斯坦法诺·博埃里希望垂直森林的植物能够随季节变化而变化、生长。为此，他和植物学家讨论了两年，最终选出能在城市上空存活的90多种植物。在1号楼共26层和2号楼共18层的阳台上，种了730多棵树、5000多棵灌木和11000多棵多年生植物，这足以称为一个小森林了。

提供树荫

冬季不影响
采光

挡风

H₂O

保持湿度

吸收尘埃

O₂ **CO₂** 产生氧气

降低噪声
污染

生物气候学

垂直森林的建设要求符合生物气候学。应用生物气候学的建筑直接与自然相连，需要考虑当地的气候和环境条件。垂直森林上的绿色植物可以吸收二氧化碳，降低空气污染。这些植物还能降低街道上的噪声污染，滤除尘埃，调控楼内的温度，让整座楼冬暖夏凉。

垂直森林整体的设计为居民提供了一个美丽的花园景观，也使建筑物凹凸不平的外观变得柔和。

重型支撑

整座建筑采用了钢筋混凝土梁，所以很重，不过也非常坚固，足以承受楼上的植物和栽培植物所需土壤的重量。阳台使用的是挑梁设计，支撑端隐藏在建筑内。阳台外延3.3米，边上种植树木。这些阳台都被牢牢地固定住，避免掉下去砸坏下面的楼层或街道。

上海中心大厦

上海中心大厦高达632米，是全世界超高建筑之一。大厦于2016年建成，其扭曲的尖端设计，使它成为最具可持续性的超级大厦之一，同时也成为未来摩天大楼的代表性建筑。

建筑设计简介

设计一座绿色环保的建筑，能够提供大量的办公空间和供人们休闲的区域。

建筑设计师：丹尼尔·威尼、夏军、马歇尔·斯特拉巴拉（甘斯勒建筑设计事务所）
结构工程师：桑顿·托马赛蒂

地点：中国上海

上海中心大厦（右一）和其他两座大楼，一起在上海的金融区组成了摩天大楼三重唱。上海中心大厦耸立在金茂大厦（中）和上海环球金融中心（左一）的右侧。

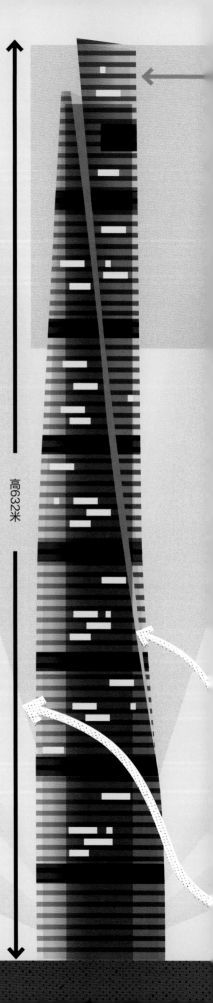

高632米

绿色节能

上海中心大厦被称为"全球最环保摩天大楼"。大厦使用的能量由风力涡轮机、太阳能板和地热能（从地面收集的热能）提供。水平方向的风力涡轮机位于大厦弯曲侧面的580米高处。那里的风速特别快，带动涡轮机产生的电能，足以点亮整座大厦。

风

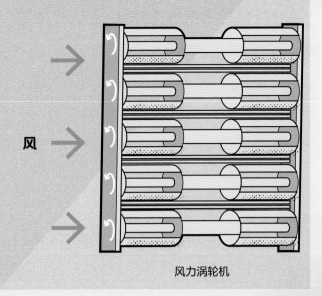

风力涡轮机

玻璃

上海中心大厦的围护墙由两层玻璃组成，可以控制内部温度。两层玻璃之间的空间，在冬天能使室内的空气变暖，在夏天能使室内的空气变凉爽，使整座大楼高效节能。

大多数摩天大楼使用有色反光玻璃，以降低热量吸收。上海中心大厦的双层玻璃设计，意味着使用透明玻璃也可以降低热量吸收。这样外面的人可以看到大楼里面，里面的人也能看到外面，大楼内还能进入更多的光线。

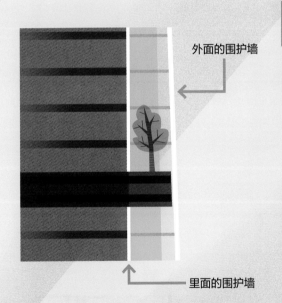

外面的围护墙

里面的围护墙

两层玻璃之间共分为9个区域，包括公共休息室和空中花园。

扭曲的形状

大厦的外观是独特的圆柱形，并且随着大厦变高而逐渐旋转、变细。这样的设计，可以减少24%的风力，甚至能顶住台风。

趣味实录

摩天大楼的外形千奇百怪又精彩绝伦。下面是我们从全世界了不起的摩天大楼中收集的一些真实记录。

中国香港是全世界摩天大楼最多的城市，其中最高的是**环球贸易广场**。环球贸易广场于2010年完工，高达484米。

建造都是玻璃的摩天大楼没有问题，但是到底该怎么清洁这些玻璃呢？**吉隆坡石油双塔**上大概有16000块玻璃。清洁车从楼顶上的藏身之处伸出去，对大楼进行清洁。如果请来一些不恐高的清洁工，需要耗时两个月，才能完成这两座楼的清理工作。

伦敦的**夏德大厦**将近310米，是欧洲最高的建筑之一。大厦外观看上去就像拼接的玻璃片。因此大厦的英文名原义是"玻璃大厦"。大厦闪光的外表，是由11000块玻璃组成。令人震惊的是，用来建造这座大厦的材料有95%都是回收再利用的。

家庭保险大楼	大象大楼	垂直森林	广州圆大厦	圣玛莉艾克斯30号大楼	旋转大厦	巴林世界贸易中心	夏德大厦

奇形怪状的摩天大楼

位于瑞典马尔默的**旋转大厦**，是斯堪的纳维亚最高的建筑。旋转大厦的设计灵感来自人体。

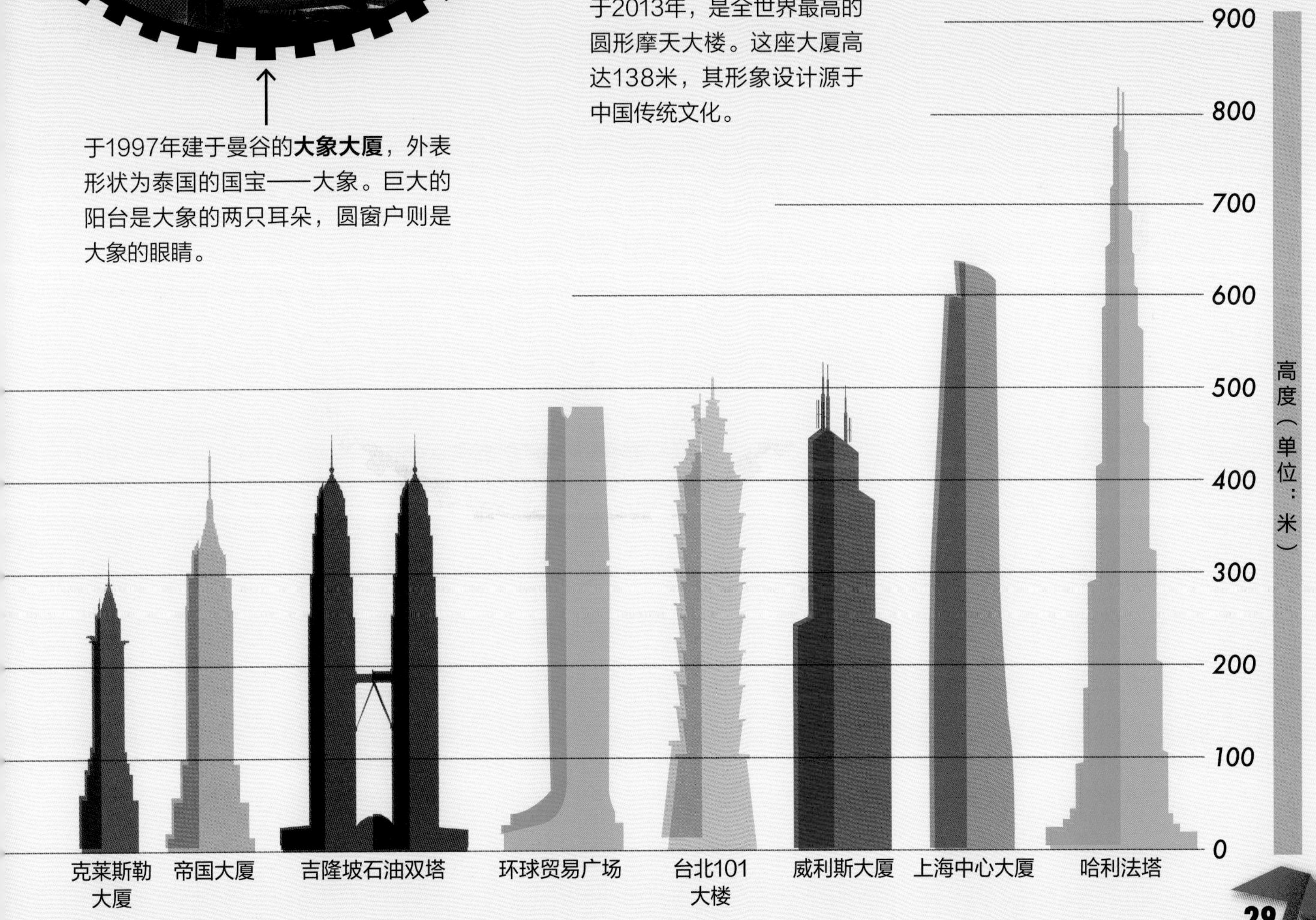

中国广州的**广州圆大厦**，建于2013年，是全世界最高的圆形摩天大楼。这座大厦高达138米，其形象设计源于中国传统文化。

于1997年建于曼谷的**大象大厦**，外表形状为泰国的国宝——大象。巨大的阳台是大象的两只耳朵，圆窗户则是大象的眼睛。

高度（单位：米）

900
800
700
600
500
400
300
200
100
0

克莱斯勒大厦　帝国大厦　吉隆坡石油双塔　环球贸易广场　台北101大楼　威利斯大厦　上海中心大厦　哈利法塔

词汇表

齿轮

轮缘上分布着许多齿的机械零件。齿轮用来把机器上的能量从一个部位移到另一个部位。

多年生植物

能连续生存两年以上的植物。多年生草本植物地下部分生活多年，每年继续发芽生长，而地上部分每年枯死。

基础

一个建筑物中，承担整个建筑重量的那部分，一般都位于地下。

扩展式基础

支撑柱子或墙的构件，通常比柱子或墙的断面大很多。

断层线

岩块因受地质应力作用而发生错断，该错断面称为断层面，断层面与地面的交线就是断层线。

铆钉

一端有螺丝帽的金属钉子，穿入被连接的构件后，通过敲击没有螺丝帽的一端，可以把构件固定在一起。

围护墙

建筑物外表的墙，但不支撑建筑物和楼板的重量。

压力

本书的压力，指落在建筑物或结构体上的力量。

文化遗产

这个词涵盖宽泛，本书是指传统、信仰、文化以及固定人群代代相传的生活方式。

装饰艺术派建筑风格

盛行于20世纪20年代到30年代的建筑风格，以几何图案、曲线和鲜明的色彩著称。

涡轮机

把流体运动产生的动能转变为旋转机械能的动力机械设备。

索引

过山车
中的物理

[英]萨利·斯普雷/著 [英]马克·拉夫勒/绘

马雪云/译

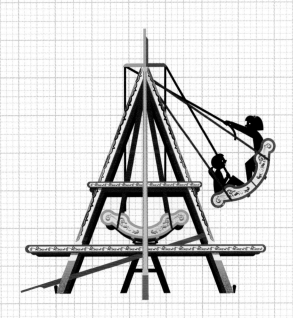

中信出版集团|北京

图书在版编目（CIP）数据

过山车中的物理 / (英) 萨利·斯普雷著 ; (英) 马
克·拉夫勒绘 ; 马雪云译. -- 北京 : 中信出版社,
2021.6 (2024.5重印)
（物理超厉害）
书名原文: Awesome Engineering Fairground Rides
ISBN 978-7-5217-1991-8

Ⅰ.①过… Ⅱ.①萨…②马…③马… Ⅲ.①物理学
－少儿读物 Ⅳ.①O4-49

中国版本图书馆CIP数据核字(2020)第110037号

Awesome Engineering Fairground Rides
First published in Great Britain in 2017 by The Watts Publishing Group
Copyright © The Watts Publishing Group, 2017
Simplified Chinese Character rights arranged through CA-LINK International LLC (www.ca-link.com)
Simplified Chinese translation copyright © 2021 by CITIC Press Corporation

过山车中的物理
（物理超厉害）

著　　者：〔英〕萨利·斯普雷
绘　　者：〔英〕马克·拉夫勒
译　　者：马雪云
出版发行：中信出版集团股份有限公司
　　　　　（北京市朝阳区东三环北路27号嘉铭中心　邮编　100020）
承 印 者：北京联兴盛业印刷股份有限公司

开　　本：889mm×1194mm　1/16　　印　张：12　　字　数：300千字
版　　次：2021 年 6 月第 1 版　　印　次：2024 年 5 月第 3 次印刷
京权图字：01-2020-1266
书　　号：ISBN 978-7-5217-1991-8
定　　价：129.00 元（全6册）

出　　品：中信儿童书店
图书策划：如果童书
策划编辑：张文佳　　　责任编辑：温慧　　　营销编辑：张远
封面设计：姜婷　　　内文排版：王莹　　　审　定：刘明星

目录

游乐园欢乐多

在游乐园，人们可以体验惊险游戏设施，寻求冒险和刺激。多年来，为了给前来探险的冒险者们创造终极体验，设计师和工程师把游乐设施造得越来越刺激。

游乐园的前身

游乐园的前身是集市，集市最早是人们聚在一起做买卖、找工作或庆祝节日的地方。英国诺森伯兰郡的斯塔格肖班克集市是较早的集市之一，从1293年前后开始运营，当时是以售卖牲畜为主。到了19世纪50年代，集市上开始出现各种游戏、奇观展览和游乐设施，用来娱乐大众。

旋转木马等游乐设施，作为英国牛津的圣吉尔斯集市的一部分，已经有超过150年的历史了。

世界
游乐设施
一览

木质过山车

歌利亚过山车，是美国最快的木质过山车，位于伊利诺伊州的六旗大美洲游乐园，建于2004年。这个过山车的最大落差有55米。

四维过山车

第一个四维过山车是X2，建于2002年，位于美国加利福尼亚州圣塔克拉利塔的六旗魔术山游乐园。

钢质过山车

世界上最长的钢质过山车是钢铁之龙2000，长达2479米，于2000年在日本三重县的长岛温泉乐园正式启用。

旋转木马

位于美国威斯康星州春绿村的岩上之屋游乐园的室内旋转木马，曾是世界上最大的旋转木马，上面有269个动物形象和20000多盏灯。

最古老的旋转木马位于德国哈瑙的维尔赫姆斯巴德公园，始于1780年。虽然叫旋转木马，但它看上去更像一个旋转平台。

游乐园的动力

摇摆船、云霄飞车和旋转平台，这些基本的游乐设施，在时间的推移中逐渐发展成了我们今天所知道的那些令人兴奋的样子。早期的游乐设施是靠人手动驱动的，有时还要靠孩子推动，帮忙推设施的孩子可以免费玩一次！大一点儿的游乐设施，比如旋转平台，是靠马来驱动的。

从19世纪60年代开始，蒸汽动力取代人力，人们用蒸汽引擎来驱动游乐设施。后来，这些神奇的蒸汽机器被电力机器取代了。

游乐园使用轮子、齿轮和链条等改造了原有的基本娱乐设施。许多游乐设施的动力原理都相同，运动原理也很相似，但通过提升速度、增加高度、增设更多转弯和黑暗区等方式，让游客感受到更强烈的冲击和更多惊吓。所以呢，赶紧坐好、抓牢，享受欢乐吧！

摇摆船
在马来西亚的雪兰莪州，游客们可以体验360度旋转的海盗复仇摇摆船。

旋转飞椅
世界上最高的旋转飞椅之一，位于瑞典斯德哥尔摩的格罗纳德游乐园内，这座旋转飞椅高达121米。

碰碰车
所有碰碰车中，最不同凡响的要数"海洋量子号"游轮上的"海上碰碰车"。

摩天轮
天津之眼，位于中国天津，它横跨海河，2009年正式开放，高120米，一次可搭载384人。

摇摆船

摇摆船是游乐园里最早流行起来的游乐设施之一。它前后摆动的方式吸引人前来游玩，人们把这种类型的设施称为钟摆型游乐设施。

转轴连接到A形架顶部。

绳索

绳索

船

正在运行的摇摆船。

巨大的钟摆

动起来的摇摆船，就像一个巨大的钟摆，依靠自身重量，在固定的路径上来回摆动。它需要一个外力，使它在第一次摆动时向上移动，然后重力会把它拉下来。一种叫作惯性的作用，能够使摇摆船保持移动，并推动它再次向上移动。这种移动一次又一次进行，摇摆船就会来回摆动。拉绳索的人不停地拉绳索，把摇摆船拉到空中，给它提供持续摇摆的动力。

牵引力

摇摆船需要靠人力才能启动。船的两头各有一个人，通过拉动吊绳就能让船摆动起来。其中一个人把绳索拉下来时，船的另外一头就会升起。然后摇摆船向后摆去，对面的人就赶紧拉绳索，摇摆船就会朝相反的方向高高摆起。

牛顿第一运动定律

端视图

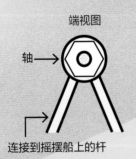

轴 →

→ 连接到摇摆船上的杆

牛顿第一运动定律是说，静止的物体如果不被推动，就会一直保持静止；运动的物体如果不被阻止，就会一直保持运动。摇摆船不断摆动，就是牛顿第一运动定律的实例。

当拉绳索的人不再拉绳子时，摩擦力开始减慢船的速度。摇摆船的轴和杆的表面会相互摩擦，同时，船在空气中摇摆时，空气阻力也会形成摩擦。最后，摩擦力会使摇摆船停下来。

侧视图

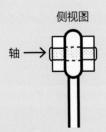

轴 →

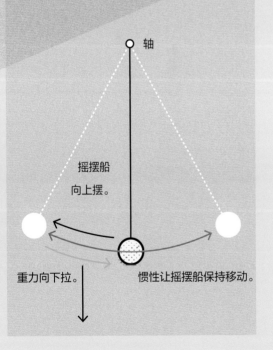

轴

摇摆船
向上摆。

重力向下拉。

惯性让摇摆船保持移动。

茅其丘克过山车

茅其丘克过山车位于美国宾夕法尼亚州，是美国最早的过山车。不过，这个过山车最初并不是为了娱乐而设计，在1827年建成的时候，它主要是用来运煤的。

建设简介

在茅其丘克和萨米特山之间修建一条运煤铁路。

工程师：约西亚·怀特

地点：美国宾夕法尼亚州

变成游乐设施

1829年，过山车开始运送乘客。上山的路程要靠骡子沿着单轨铁路把车厢拉上去，需要四个小时。下山时靠重力驱动，速度很快，只需半小时。乘客们觉得这样的旅途很刺激，于是蜂拥而至。从1872年开始，过山车只剩下游乐作用，每年搭载的游客超过35000名。

铁路的工作原理，就是引导火车或车厢在固定的路径上运动。铁轨就是一条摩擦力比较小的轨道，并将火车的部分重力通过枕木和枕木周围的碎道砟转移到地面。铁轨固定在枕木上而不是道砟上，这样当火车在铁轨上移动时，重量就会转移到地面。

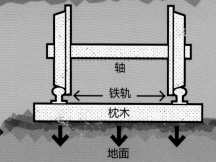

轴

铁轨

枕木

碎道砟 ⟶

地面

防倒回装置

1846年，过山车不再用骡子拉上山，而改成用绞盘和缆绳拉上山。在每节车厢底部还安装了一种新的棘轮机构，这是第一种防止车厢向后倒退的装置。人们把一种叫作棘爪的东西装在车厢底部，再在轨道上装上棘齿带，然后把车厢下的棘爪卡在棘齿的齿槽中。这种机械装置很简单，却可以在缆索断裂时，防止车厢滑下山。棘齿和棘爪卡在一起时，会哐当一声，摇晃一下。现在的过山车上仍然有这种装置，喜欢坐过山车的人很喜欢这种声音在过山车爬上陡坡时所营造出来的紧张氛围。

棘爪

棘齿带

康尼岛乐园的过山车于1884年开通，是美国第一辆作为游乐设施建造的过山车，有两条平行的起伏轨道。游客坐在有点像公园长椅一样的座位上，沿一侧轨道飞驰到终点，下车后座椅"切换"到另一条轨道上，然后游客再坐上车呼啸着回到起点。

9

旋转木马

旋转木马，也被称为"回转木马"或"飞马"，是游乐园标志性的游乐设施。最早的旋转木马出现在18世纪，是一个简单的木质旋转平台，靠马或者人来驱动。到19时期中期，蒸汽动力的采用才让旋转木马真正飞驰起来！

建设简介

造一个不靠马，也不靠人的旋转木马，还要让木马可以上下移动。

发明者：托马斯·布拉德肖的蒸汽旋转木马出现在1861年，弗雷德里克·萨维奇在1870年发明了能让木马上下移动的装置。

地点：英国诺福克

蒸汽驱动的旋转木马，转一天要烧掉大约63千克的煤。

蒸汽飞驰马

1861年，托马斯·布拉德肖建成了第一座靠蒸汽驱动的旋转木马，并将它命名为"飞驰马"。蒸汽机推动传动轴，传动轴末端有个齿轮，可以使固定在支柱上的锥齿轮转动。支柱继而推动顶棚上的环形齿轮，旋转木马也就跟着转了起来。

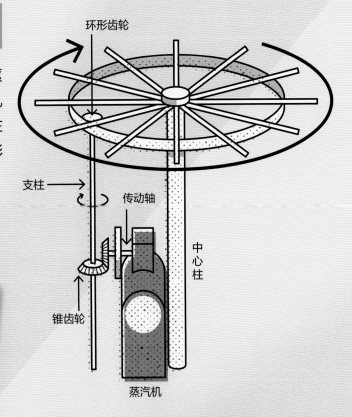

环形齿轮

支柱

传动轴

中心柱

锥齿轮

蒸汽机

伦敦蒸汽驱动的飞驰马，1903年。

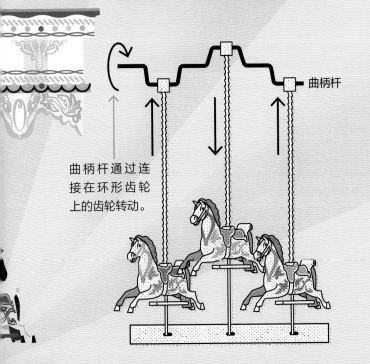

曲柄杆

曲柄杆通过连接在环形齿轮上的齿轮转动。

齿轮和曲柄

1870年底，弗雷德里克·萨维奇在飞驰马上加了齿轮和曲柄杆，让木马在旋转时能上下移动。每匹木马都用一根杆子跟顶棚上的曲柄杆相连。曲柄杆不是直的，而是弯弯曲曲的，木马分别挂在曲柄杆不同高度的位置上。

旋转木马旋转时，曲柄杆也跟着转动，使所有木马在不同的时间上上下下，就好像在飞驰一样。木马身上的杆子会穿过地板上的一个洞。当旋转木马运行速度加快时，这个洞可以容许杆子向外移动一点点。

旋转飞椅

旋转飞椅，也叫"转椅飞机"或"波浪摇摆器"，是由旋转木马发展而来。最早由蒸汽驱动的旋转飞椅之一，由约翰·因肖于1888年建造。旋转飞椅的座椅底部不固定，坐在飞椅上的乘客相当于是悬在空中，随着中心立柱越转越快，座椅也会越飞越高。

建设简介

利用旋转木马的旋转蒸汽驱动技术，创造一种更狂野的新游乐设施。

发明者：约翰·因肖

关键地点：英国伯明翰，转椅飞机（1888年）
美国马萨诸塞州六旗游乐园，高空尖叫者

力学原理

旋转飞椅的中心立柱以一定的速度旋转，悬挂的座椅与旋转的力量相互作用，座椅就向外侧飞起。旋转飞椅运动起来主要靠两种方向相反的作用力——离心力和向心力之间的平衡。

离心力向外推动，使座椅远离旋转飞椅的中心。

向心力则将座椅往中心拉。

这两种力是对立的，共同在拴着座椅的绳索上产生力，使座椅几乎能上升到水平角度，给座椅上的玩家一种神奇的、飞一般的感觉。

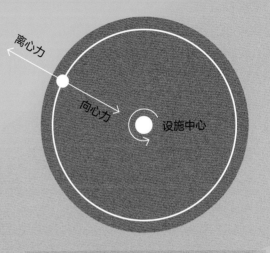

离心力

向心力　设施中心

高空尖叫者

在美国马萨诸塞州的六旗游乐园，有一座非常刺激的旋转飞椅——高空尖叫者（如左图所示）。它是世界上最高的旋转飞椅，能把玩家带到122米以上的空中，并以每小时64千米的速度旋转。高空尖叫者的塔架由6个直立的支柱组成，支柱互相对角支撑，连在一起。这种互相交叉的设计使得整个结构非常坚固，即使疾风在顶部吹过也不会让支柱摇摆或弯曲变形。

旋转飞椅转的速度越快，飞椅摆出去的距离就越远。

SIX-FLA

摩天轮

1893年，为纪念哥伦布发现新大陆四百周年，在美国伊利诺伊州的芝加哥举办了一场世界博览会。第一座摩天轮就是在这个时候，作为巨型工程奇观为游客建造的。这座摩天轮高达80米，一次可容纳2160名乘客！

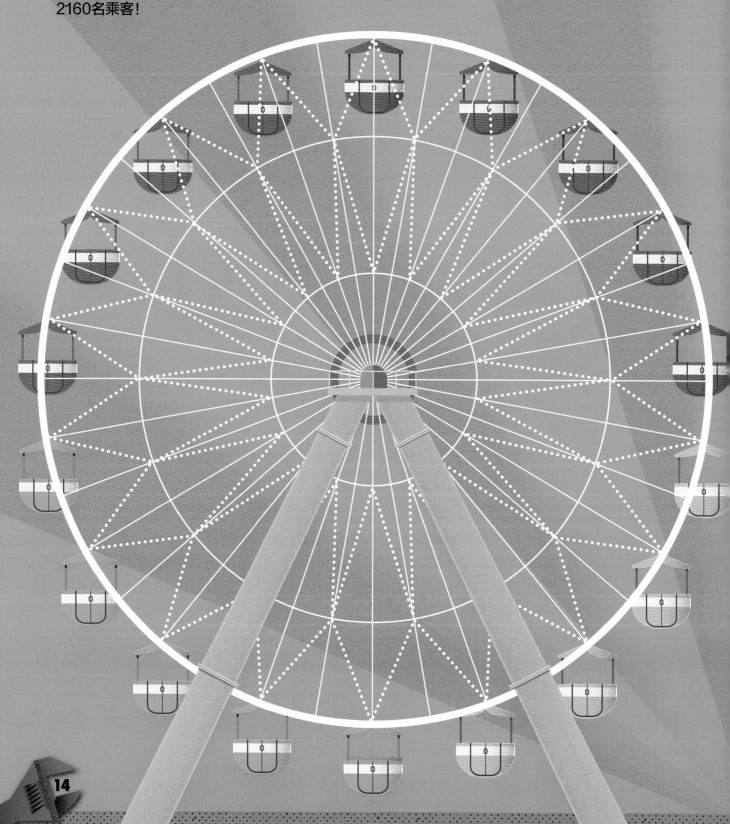

建设简介

为在芝加哥举办的哥伦布纪念博览会设计一种钢结构的游乐设施，让前来参观的游客都大开眼界。

发明者：小乔治·华盛顿·盖尔·费里斯

关键地点：美国芝加哥

上上下下

摩天轮的钢质结构超级坚固：两座塔撑起一根中轴，一个巨大的轮子在这根中轴上旋转。向上的旋转由蒸汽机借助齿轮所驱动，就好像把一个巨大的旋转木马竖起来一样。向下的转动是靠重力拉动，但也要借助齿轮控制。

游客乘坐的座舱挂在摩天轮边缘的轴上，随着摩天轮的转动，座舱也会跟着摆动，但在重力作用下，座舱始终是垂在下面的，游客能安全、平稳地坐在座位上。

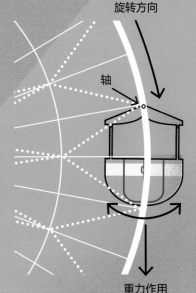

旋转方向

轴

重力作用

三角形的力量

摩天轮固定在一个巨大的三角形钢架上，摩天轮的辐条向外延伸，也形成三角形。费里斯在设计和建造桥梁的时候就已经知道，跨度很大的木质和金属桥面可以通过加上一些交叉支撑形成三角形来增加强度。三角形是最稳定的形状，它的三条边和三个角能均匀受力，因此，它比其他形状更能抵抗压力。

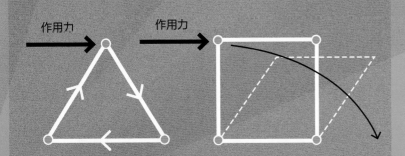

作用力

作用力

当摩天轮揭幕亮相时，费里斯说，他已经把摩天轮从想象里拿出来，并把它变成现实了。

碰碰车

电动碰碰车是游乐场里最受欢迎的游乐设施之一。这种配备了大橡胶保险杠的圆头小汽车，任何人，无论年龄大小，都能开着跟别人的互相撞来撞去。

建设简介

建造一种由游客亲自操控的娱乐设施——一辆在整个场地中都可以开，可以比赛，还可以跟别人撞来撞去的车。

发明者：纽约市的维克托·利万德发明了碰碰车，但马萨诸塞州的马克斯·斯托勒和哈罗德·斯托勒率先就这个想法注册了专利。

关键地点：美国纽约市和马萨诸塞州

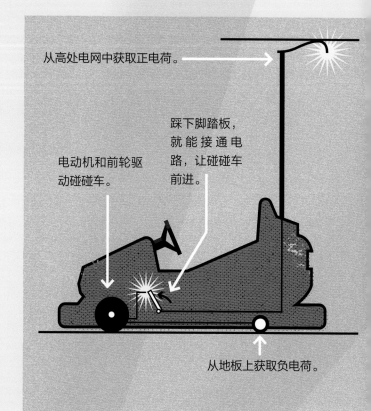

从高处电网中获取正电荷。

踩下脚踏板，就能接通电路，让碰碰车前进。

电动机和前轮驱动碰碰车。

从地板上获取负电荷。

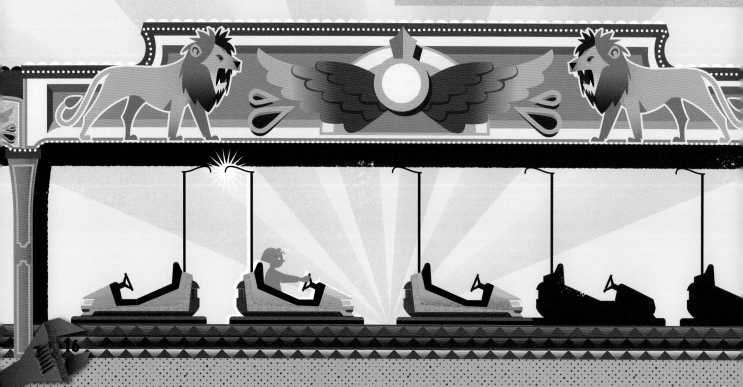

碰碰车的电路

改变游乐设施的最主要创新之一就是电力的引入。最初碰碰车的电路很简单。上方架一个通电电网，通过碰碰车上的一根长金属杆，把电力向下传到车上。碰碰车有三个轮子——两个橡胶轮子在后面，一个金属轮子在前面导电。碰碰车场地的表面也是导电的。一踩碰碰车脚踏板，整个电路就通了，碰碰车里的电动机通过皮带转动车轮，碰碰车就能开动了。

碰碰车相互碰撞是牛顿第三运动定律的绝佳例子。这个定律是说，任何作用力都有一个大小相等、方向相反的反作用力。

碰碰车碰撞时，撞击力在橡胶保险杠周围分散开。当能量在碰碰车之间传递时，车上的人也会感受到颠簸。碰碰车的每次碰撞都是不同的，这与碰碰车的速度、碰撞时的方向，还有车上人的体重都有关系。

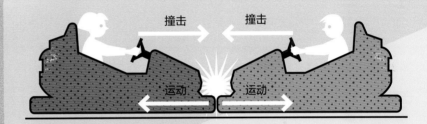

撞击　撞击

运动　运动

现代的碰碰车由地板上的金属条提供动力，
金属条与碰碰车底部的电刷相连。

北斗七星过山车

人们喜欢惊险刺激，还有什么比坐在狭小的车厢里沿着摇摇欲坠的木质轨道急速飞驰更惊险刺激的呢？布莱克浦欢乐海滩1923年开业的北斗七星过山车就是这样的。北斗七星过山车是英国建造的第一台过山车，整个过山车的线路首尾相连，其中有一段的落差特别大。北斗七星过山车至今仍在对外营业。

建设简介

为英国的布莱克浦欢乐海滩的游乐园设计一个壮观的游乐设施。

发明者：约翰·A.米勒，1923年

地点：英国布莱克浦

升坡装置

北斗七星过山车出发的时候先要爬一个又长又陡的坡，紧接着大幅下降。过山车的爬升是靠1885年菲利普·欣克尔发明的"升坡装置"实现的。这个装置是一圈链条，绕在上坡轨道顶端和底部的两个轮子上。过山车沿着轨道向上移动时，底部正好走在链条上。链爪是过山车上垂下来的大钩子，能钩住链条，由链条带着过山车往上走。等过山车走到顶部时，链爪松开，这时受重力作用，过山车会从轨道上猛冲下去。

升坡装置

链爪

20世纪30年代，布莱克浦欢乐海滩的北斗七星过山车。

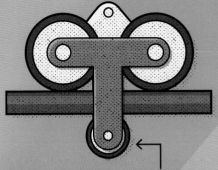

约翰·A.米勒还在1912年发明了一个升坡轮子。这个轮子是在轨道下运行的第三个轮子，即使在过山车最颠簸的时候，也能帮助它稳稳行驶在轨道上。

势能和动能

北斗七星过山车的线路设计是"往返"型，也就是说车要在一个完整的环形路线中运行。在最初的大爬坡和急速下降之后，剩下的路程会更平稳一些，因为车的行进是靠一开始大爬坡产生的势能和急速下降产生的动能所驱动的。

爬坡时，车的势能一直增加，直到顶部。这时，由于高度的原因，它已经达到了最大势能点。接下来，势能转化为动能，为车在剩余行程中提供动力。在北斗七星过山车的整个行驶过程中，工程师们仔细考虑了势能和动能的转换，这样过山车就能顺利完成整段行程。

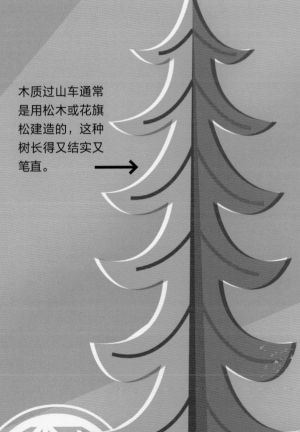

木质过山车通常是用松木或花旗松建造的，这种树长得又结实又笔直。

● 势能

● 最大势能

○ 动能

旋转飞船

由于使用了液压系统，旋转飞船成了一种前所未有的全新设施。旋转飞船就像一种快节奏的旋转木马，自从1976年推出以来，它就成为游乐园惊险爱好者们的最爱。

建设简介

用液压系统建造一种又快又刺激，还前所未有的新型游乐设施。

发明者：理查德·伍尔斯

关键地点：首次出现在英国的马盖特

动起来

旋转飞船有三种运动方式：绕圈运动、随着机械臂的上升和下降运动、在机械臂末端旋转。这三种运动方式创造了一种非常刺激的乘坐体验。因为使用了液压系统，所以飞船运行起来十分安静，但闪耀灯光和轰鸣音浪，弥补了没有机械声的不足。

液压系统是如何工作的?

液压系统的工作原理是,在一个点上施加一个力,这个作用力就会传递到另一个点。力通过一种不能被压缩的液体传递,在旋转飞船里,这种液体是油。油压在活塞上,活塞移动,就能带动旋转飞船的机械臂运动。

液压系统必须是封闭的,发动机要有足够的动力,系统中要有足够的液体,才可以使旋转飞船上的机械臂移动。旋转飞船运行结束时,必须对机械臂系统施加相反的压力,才能使飞船返回地面。

飞船的中心柱要将飞船抬离地面需要更大的液压压力。飞船一旦抬离地面就会开始旋转。中心柱以每分钟20圈的速度旋转,机械臂以每分钟30圈的速度旋转,从而使飞船快速转动!

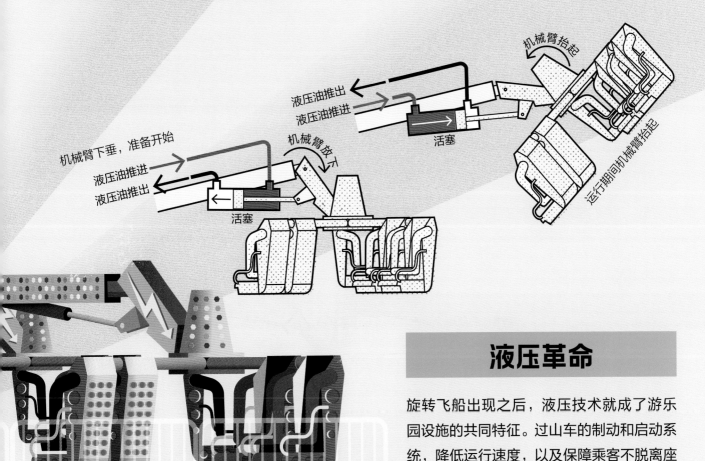

机械臂抬起

运行期间机械臂抬起

液压油推出
液压油推进
活塞

机械臂下垂,准备开始
液压油推进
液压油推出

机械臂放下
活塞

液压革命

旋转飞船出现之后,液压技术就成了游乐园设施的共同特征。过山车的制动和启动系统,降低运行速度,以及保障乘客不脱离座位的安全方面,都用到了液压系统。

大弹弓

大弹弓于2004年面世，看上去就像一个巨大的弹射器。大弹弓有一个能承载两名乘客的座椅，座椅通过钢缆与两侧的塔相连。座椅被锚定在地面上，然后猛一松开，座椅就向上弹射到天空中。对于乘坐的人来说，弹出去的感觉就像是箭从弓上射出。整个感觉就像反过来蹦极一样！

弹簧时光

有些弹射装置是用有弹性的蹦极绳将乘客弹向空中，但大弹弓采用的是先进的弹簧和滑轮系统来为座椅提供动力。当座椅固定在地面上时，一圈一圈的弹簧被拉伸；当座椅被松开时，弹簧回弹，将座椅高高地弹向空中。

建设简介

以弹弓的概念为基础，建造一种游乐设施，能将乘客瞬间推到高空。

制造商：欢乐时光

关键地点：澳大利亚邦德尔

你能想象吗，大弹弓里面还有一台电脑！电脑可以根据乘客的体重，来调节把坐着乘客的座椅推向空中所需的力——简直绝顶聪明！

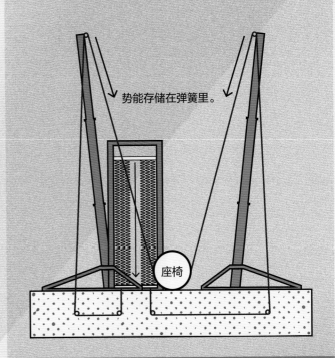
势能存储在弹簧里。

座椅

大弹弓的塔超级高，高达60米。

能量转换

设施启动之前，拉紧的缆绳中储存着势能。一旦弹射装置松开，座椅向上弹起，这些势能就转变成动能，也就是运动所含有的能量。座椅继续上升，动能又会转变为重力势能，而到座椅下降时，又释放出来变成动能。

大弹弓用720个弹簧把人弹上去！

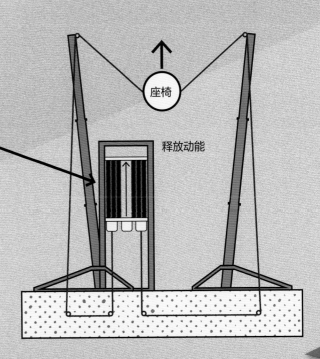
座椅

释放动能

京达卡过山车和大暴跌跳楼机

如果一个游乐设施看起来有点枯燥，那么把两个设施结合在一起，效果会怎么样？京达卡过山车沿着弯曲的钢质管状环形轨道运行，可以在轨道上360度旋转。大暴跌跳楼机就位于这个轨道上的一个超可怕的大弯道内。两者组合在一起，就变成了两个超级刺激的游乐设施。

建设简介

建造一个超快、超高的过山车，然后与一个超可怕的跳楼机连在一起，增加惊险刺激的感觉。

设计师：京达卡过山车——沃纳·斯滕格尔，
　　大暴跌跳楼机——迈克尔·赖茨

制造商：英特明公司

地点：美国新泽西州杰克逊

京达卡过山车

京达卡过山车高达139米，是世界上最高的过山车。京达卡过山车轨道是一个简单环形，里面有很多螺旋形的弯曲轨道。过山车由液压系统以很快的速度启动，然后沿着轨道高速行驶。车厢挂在一根加长的缆绳上，缆绳连接着由液压马达驱动的绞盘卷筒。马达带动绞盘卷筒旋转，迅速缠起绳索，就会把连着绳索的过山车拉上去，拉到超大环形轨道的顶端时，再把过山车松开，让它加速向下冲。

过山车仅需要3.5秒，就能达到每小时206千米的速度，整个旅程在28秒内结束。有时候过山车爬不到轨道的顶端，那它就要退回到起点，再试一次……这真是太可怕了！

钢质管状轨道能让过山车360度旋转。

停靠站　　过山车

大暴跌跳楼机

这个跳楼机的正式名称是"大暴跌：末日降临"。顾名思义，这是一个跳楼机。它用一根缆绳把三辆可容纳24人的水平车吊到126米高的架子上。当它缓慢升到顶部时，缆绳中的张力逐渐增强，停几秒钟后，再以每小时145千米的速度跌落回地面！

大暴跌跳楼机采用电磁制动系统。这种装置的工作原理是：在水平车上装有铜导体，在跳楼机底部配有磁场。当车厢上的导体接触到磁铁时会产生自己的磁场，而当一个磁场靠近另一个磁场时，两者之间会产生相反的作用力。这个跳楼机是通过底部一股向上的作用力让水平车减速，最后停了下来。

自由落体的感觉

这两种游乐设施都会让你体验自由落体的感觉。当你往下落时，重力完全用来让你加速，你的加速度与重力加速度相等，因此你会暂时感觉不到重力，也就是失重。

吓人的大暴跌跳楼机

巨大的京达卡环形过山车轨道。

磁场

磁场

磁场

跳楼机上的导体

反方向的磁场使水平车减速。

缆绳

绞盘卷筒

25

富士急过山车

富士急过山车于2006年开业，是一座自身会旋转的过山车。乘客坐的座位不在轨道正上方，而是在轨道两侧，给人一种悬在空中的感觉。随着过山车不断加速，不停转弯，座椅本身也会独立转动，乘客会感受到额外的旋转。所以说富士急过山车是四维过山车。

第四维度

富士急过山车的轨道只有三个倒转，但因为座椅本身也会旋转，所以乘客在乘坐中，会经历14次翻转。座椅在垂直于轨道的水平轴上旋转，轨道是增加额外旋转的关键。

富士急过山车有两套并排运行的轨道，一套供过山车运行，另一套则是用来控制座椅旋转的。在某些地方，两套轨道会互相靠近，用简单的齿条和齿轮系统让座椅转起来。

建设简介

在现有过山车的技术上加一个新的旋转，让乘客自己也能转起来。

设计方：S&S飞箭公司

地点：日本山梨县富士急乐园

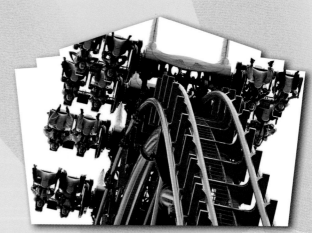

座椅和过山车都在转。

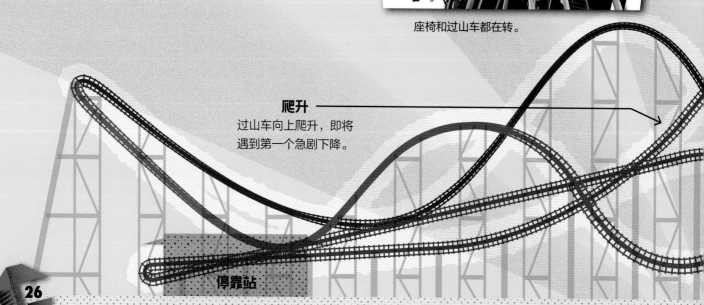

爬升
过山车向上爬升，即将遇到第一个急剧下降。

停靠站

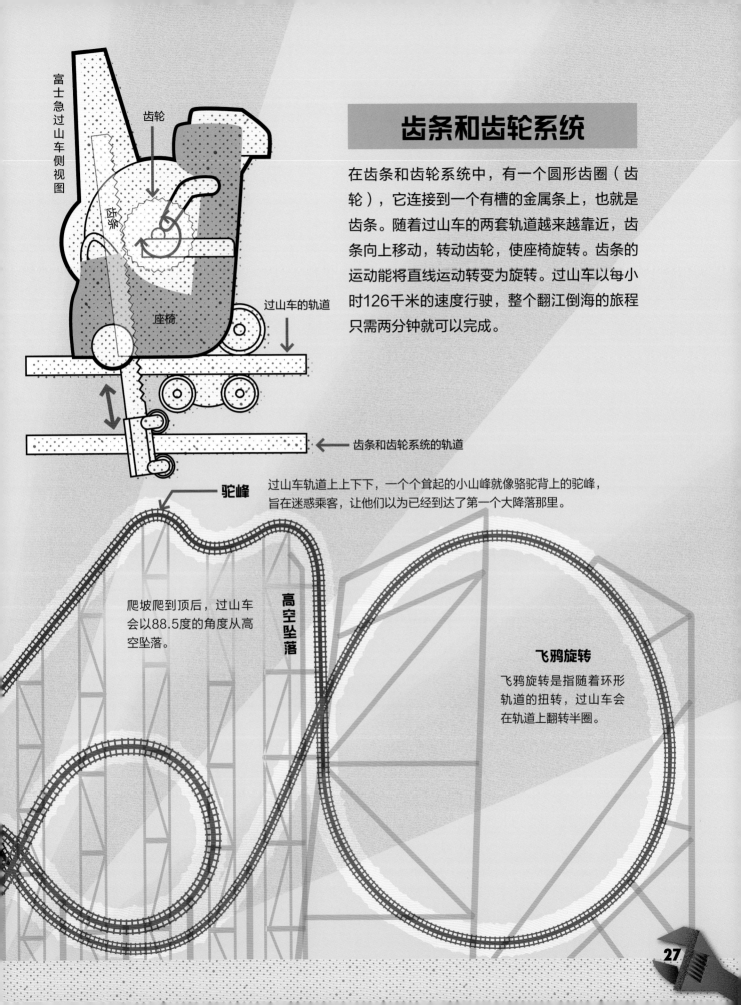

富士急过山车侧视图

齿轮

齿条

座椅

过山车的轨道

齿条和齿轮系统的轨道

齿条和齿轮系统

在齿条和齿轮系统中，有一个圆形齿圈（齿轮），它连接到一个有槽的金属条上，也就是齿条。随着过山车的两套轨道越来越靠近，齿条向上移动，转动齿轮，使座椅旋转。齿条的运动能将直线运动转变为旋转。过山车以每小时126千米的速度行驶，整个翻江倒海的旅程只需两分钟就可以完成。

驼峰

过山车轨道上上下下，一个个耸起的小山峰就像骆驼背上的驼峰，旨在迷惑乘客，让他们以为已经到达了第一个大降落那里。

爬坡爬到顶后，过山车会以88.5度的角度从高空坠落。

高空坠落

飞鸦旋转

飞鸦旋转是指随着环形轨道的扭转，过山车会在轨道上翻转半圈。

趣味实录

游乐园的游乐设施一直在变化，因为工程师们也一直在寻找不同的方式，让乘客和设施摇摆、旋转起来。

最早的过山车之一是1817年出现在法国，名叫**贝尔维尔的俄罗斯山**。这座过山车的轨道是心形的，两辆过山车在轨道的顶部停靠，然后沿着相反的两个方向滑下去。每辆车在下坡时都聚集了足够的动量，使车在向下行驶之后又能回到顶部，再次会合。

新西兰的**轨道自行车**是一款脚踏式环保骑行设施。轨道自行车把能容纳一个人的吊舱连接在一个高架轨道上。乘客爬进去，躺下，在轨道上尽可能快地蹬踏板。吊舱的速度可达每小时50千米！

日本的**高空脚踏车**是另一种脚踏式的环保骑行设施，比轨道自行车要慢得多，不过，在高出地面的轨道上骑双人自行车，也挺令人害怕的。

1905年，在英国赫尔市的一个集市上，人们第一次看到**螺旋滑梯**。依靠重力的作用，人们坐在光溜溜的滑梯上，能转着圈滑到底部。

拉斯维加斯

美国拉斯维加斯的云霄酒店，其350米高的塔顶上有四个很惊险的游乐设施。

寻找惊险刺激的人可以在酒店塔楼上玩蹦极——**云霄跳跃**，从261米高的地方往下跳。

"**极度尖叫**"是一辆过山车，它会把游客送到塔楼的边缘外，在那里，轨道会像跷跷板一样起伏，让人们觉得自己会掉下去。

"**八爪鱼**"疯狂摇摆臂，一只巨大的机械臂伸出塔楼的边缘，让座椅旋转、倾斜，这样游客就可以看到下面令人头晕目眩的景色。

"**直冲云霄**"是一个跳楼机，使用气动马达，将游客送到距离地面329米的高空中……然后再次落回281米高的塔楼上。

词汇表

A形架
承重结构，形状类似大写英文字母A。

磁场
传递运动电荷、电流之间相互作用的一种物理场。

导体
一种能很好地传导电流的物体。

电路
组成电流路径的各种装置及电源的总体。

惯性
反映物体具有保持原有运动状态不变的性质。

滑轮
周边有槽可绕中心轴转动的轮子。利用绳索或链条绕过其周边，可提升重物或改变用力方向。

活塞
装于气缸内并沿气缸内表面作往复运动的机件。

棘轮机构
可以将带有棘爪的杆的往复摆动，变换为棘轮的单向间歇转动。棘轮和具有固定轴心的棘爪有时也用来作为防止反转的装置。

摩擦力
相互接触的两个物体在接触面上发生的阻碍相对滑动或相对滑动趋势的力。

牛顿（1643—1727）
有史以来最重要的科学家之一，提出了三大运动定律。

重力
地球表面附近物体所受到的地球引力。它使物体落向地面，也阻止我们飘浮到太空中。

弹簧
一种利用弹性来工作的机械零件。

轴
承受扭转或主要承受扭转的杆件，机械中用来安装做旋转运动的零件。

索引

桥梁
中的物理

［英］萨利·斯普雷 / 著　［英］马克·拉夫勒 / 绘

马雪云 / 译

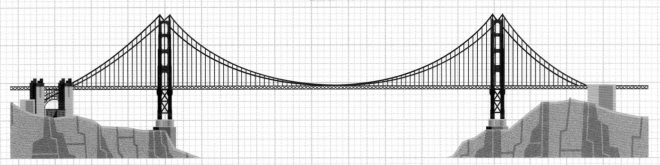

中信出版集团 | 北京

图书在版编目（CIP）数据

桥梁中的物理/(英)萨利·斯普雷著；(英)马克·
拉夫勒绘；马雪云译. -- 北京：中信出版社，2021.6（2024.5重印）
（物理超厉害）
书名原文：Awesome Engineering Bridges
ISBN 978-7-5217-1991-8

Ⅰ.①桥… Ⅱ.①萨…②马…③马… Ⅲ.①物理学
－少儿读物 Ⅳ.①O4-49

中国版本图书馆CIP数据核字(2020)第110038号

Awesome Engineering Bridges
First published in Great Britain in 2017 by The Watts Publishing Group
Copyright © The Watts Publishing Group, 2017
Simplified Chinese Character rights arranged through CA-LINK International LLC (www.ca-link.com)
Simplified Chinese translation copyright © 2021 by CITIC Press Corporation
ALL RIGHTS RESERVED
本书仅限中国大陆地区发行销售

桥梁中的物理
（物理超厉害）

著　　者：［英］萨利·斯普雷
绘　　者：［英］马克·拉夫勒
译　　者：马雪云
出版发行：中信出版集团股份有限公司
　　　　　（北京市朝阳区东三环北路27号嘉铭中心　邮编　100020）
承 印 者：北京联兴盛业印刷股份有限公司

开　　本：889mm×1194mm　1/16　　印　张：12　　字　数：300千字
版　　次：2021年6月第1版　　印　次：2024年5月第3次印刷
京权图字：01-2020-1266
书　　号：ISBN 978-7-5217-1991-8
定　　价：129.00元（全6册）

出　　品：中信儿童书店
图书策划：如果童书
策划编辑：张文佳　　责任编辑：温慧　　营销编辑：张远
封面设计：姜婷　　内文排版：王莹

目录

跨越！

桥梁为一个地点与另一个地点之间建立连接，为人们旅行和贸易提供便利。几千年来，我们一直在建造桥梁。随着造桥技术的发展，桥梁的形状、承重以及长度都在发展和变化。

早期的桥梁

现存最早的桥梁之一是希腊的阿瑞凯比克桥，建于公元前13世纪。这座小拱桥高4米，长22米。它由紧紧堆积在一起的石灰岩建造而成。阿瑞凯比克桥建在一条小溪上，之所以要建这座桥，为的是让战车能在途中抄近道加快速度，桥上甚至还有能引导车轮的路缘石。

英国铁桥（也叫伊尔福德桥）是世界上第一座用铸铁建造的拱桥。这座桥架在英格兰的塞文河上，于1781年通车。由于铁这种材料不够坚固，不适合用来建造长桥，所以这座铁桥的长度只有30米。

世界上第一座全焊接的桥梁位于波兰，这座桥长27米，于1929年建成。钢铁焊接技术使得桥梁工程师能够建造形状各异，且更高、更长的桥。

西班牙的**阿尔坎塔拉桥**是由罗马人在公元104年至公元106年之间建造完成的，建这座桥时用到了石头和一种结合剂。这种结合剂叫作卜作岚，用火山灰制成。

钢铁材料的发展意味着可以建造更长、更坚固的桥梁。设计师古斯塔夫·埃菲尔，就是埃菲尔铁塔的设计师，建造了宏伟的**加拉比高架桥**（1895年）。这座桥是拱形桁架桥，它穿过一个大山谷，让行驶在桥上的火车能往返于法国的南部。

中国的**安济桥**（赵州桥）建于595年至605年间，并且在14个世纪之后的今天仍然存在。这座桥由李春设计。当桥下的水面上升时，水能从桥上部的石拱流过。

0   25   50   75   100   125   150   175   200   225   250   275

长度单位：米

22米

希腊的阿瑞凯比克桥。

桥梁的类型

桥梁可以按其设计分为六种类型。其他的设计类型都是以下这六种类型的变体。

梁式桥

拱桥

刚架桥

悬臂桥

斜拉桥

悬索桥

平衡力量

桥梁的这些设计类型很好地平衡了以下因素：

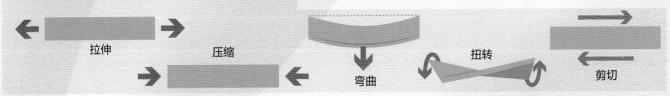

拉伸

压缩

弯曲

扭转

剪切

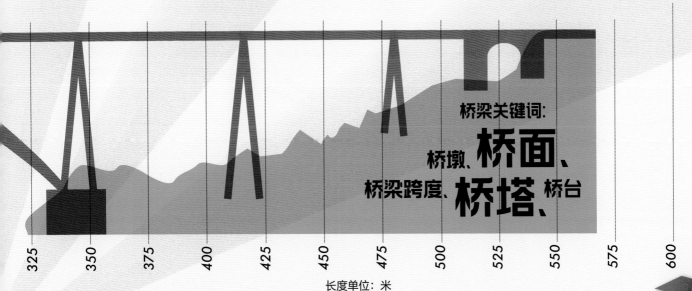

桥梁关键词：
桥墩、**桥面**、
桥梁跨度、**桥塔**、桥台

325　350　375　400　425　450　475　500　525　550　575　600

长度单位：米

三十三孔桥

三十三孔桥是一座宏伟的拱桥。这座桥建于1599年至1602年间，是用石头和砖块建成的，三十三孔桥横跨在伊朗伊斯法罕的扎因达鲁德河上。它的名字在波斯语中的意思是"有三十三个拱的桥"，三十三也正好是这座桥的桥拱数量。

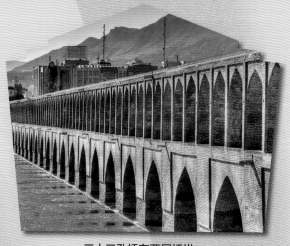

三十三孔桥有两层桥拱。

建造简介

在河流上建造一座桥，把伊斯法罕的南北两侧连接起来。这座桥要足够坚固，能抵挡得住湍急的河流，桥的两侧要高高立起，保护过桥的行人，让他们不受强风和烈日的侵袭。

工程师：奥斯塔德·侯赛因·班纳
　　　　（阿拉·威尔迪·汗监督）

地点：伊朗伊斯法罕

拱桥具备哪些优点？

拱桥的压力整齐地沿着桥拱和桥面分布，桥拱受到的压力会作用到支撑桥梁的桥墩和桥台上。它们一起发挥作用，让桥拱不会塌，也不会散。

← 这座桥长298米，有两排桥拱。底排的桥拱支撑着桥面。上面的桥拱是装饰性的护栏，不用于支撑任何东西。

墩台基础

桥梁必须建在深入地下的坚固基础上。为了建造三十三孔桥，人们将河流改道，这样基础就可以挖到地面之下的基岩上。三十三孔桥的基础上铺设着装满碎石和泥浆的陶管，它们支撑着桥墩，桥墩再支撑着桥拱。桥台建好后，支撑桥梁的两端，为下一阶段的施工做好准备。

桥面上承载着米米仕仕的行人。

拱顶石

最后一块要放好的石头叫作拱顶石。在施工期间，桥梁的桥拱必须要靠桥下面的支撑物来支撑。拱顶石就像是拼图的最后一块，一旦拱顶石就位，支撑物就可以撤走，桥拱就可以自己支撑住自己了。

对于每一个作用力，都有一个大小相等、方向相反的反作用力。因此，当桥面上的负重向下作用到拱顶石上时，压力通过桥拱向下分布，而地面的力通过桥拱回推至拱顶石。力还向两侧推向桥台，桥台产生反作用力，从而平衡，帮助整座桥维持稳定。

负重

拱顶石

压力

桥台

布鲁克林大桥

1883年，美国纽约市的布鲁克林大桥正式交付使用，它是当时世界上最长的悬索桥。建造布鲁克林大桥是一个巨大的工程，同时也是一个危险的工程——20多名建筑工人在造桥的过程中死亡。

建造简介

设计并建造一座横跨东河的桥梁，连接纽约的曼哈顿岛和布鲁克林区。它将代替既人满为患又不太可靠的渡轮，为布鲁克林的商业服务。

工程师：约翰·A.罗布林、华盛顿·罗布林、埃米莉·罗布林

地点：美国纽约

长1825米

沉箱

这座大桥的基础是用一种叫作沉箱的装置从河床上修筑的。沉箱有顶无底，就像是倒置的木桶。为了让沉箱沉入海底，人们把桥塔建在沉箱的顶部，用桥塔的重量把沉箱压进河床的淤泥中，再用气泵把压缩空气注入沉箱里面，工人们再在内部把淤泥挖走。当一部分工人向下一直挖到基岩的同时，上面桥塔的建造也在同步进行。这些工作完成后，再用混凝土把之前沉箱里注入空气的部分填满，桥塔的建造就完成了。

钢索

悬索桥的巨大花岗岩桥塔高出水面84米，支撑着主钢索。钢索固定在桥的两端，同重达54400吨的锚碇连在一起。主钢索由5434根缠绕在一起的钢丝制成。其他的钢索则以垂直于桥面或与桥面呈对角的方式将桥面固定在主钢索上。

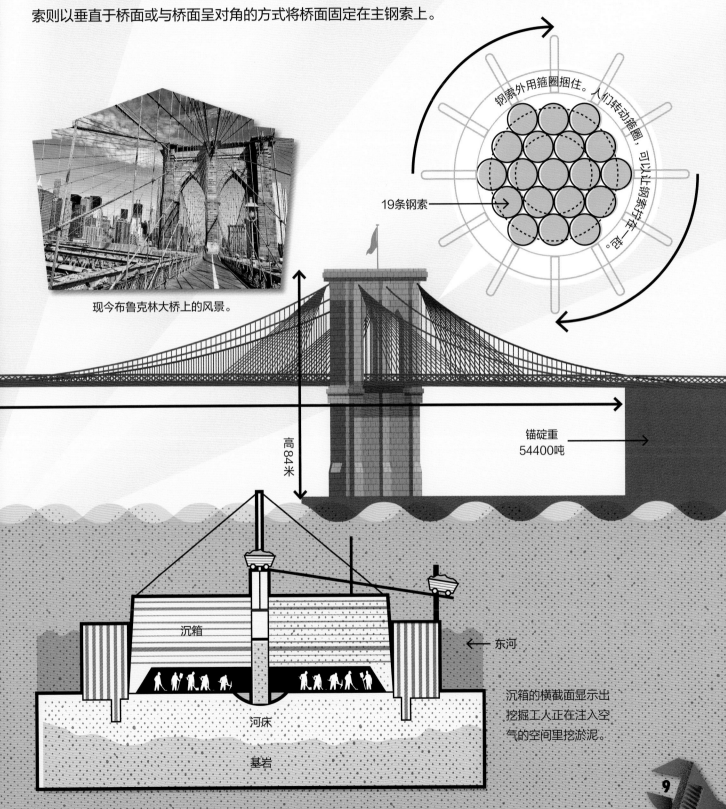

现今布鲁克林大桥上的风景。

钢索外用箍圈捆住。人们转动箍圈，可以让钢索拧在一起。

19条钢索

高84米

锚碇重
54400吨

沉箱

东河

河床

基岩

沉箱的横截面显示出挖掘工人正在注入空气的空间里挖淤泥。

福斯桥

这座雄伟的铁路桥横跨苏格兰福斯湾，每天能通行200列火车。经过近百年的规划和八年的建造，福斯桥于1890年开放通行。

建造简介

设计一座横跨河口的铁路桥，来代替轮渡航线。要考虑的因素包括河床是否能提供支撑、大风以及大量货物的安全运输。

工程师：约翰·福勒爵士
设计师：本杰明·贝克爵士

地点：英国苏格兰的福斯湾

建造中的福斯桥。

桥塔和桁架

三个位于花岗岩桥墩上的桥塔支撑着连接了南岸和北岸的桁架。桥面中间有两条铁路轨道，错综复杂的钢桁架贯穿整座大桥。这个设计很巧妙，两端的桥塔可以建在河岸坚实的地面上，中间的桥塔坐落在河流中央的一个天然形成的岛屿上。这样就不用在不稳定的河床下建设基础了。

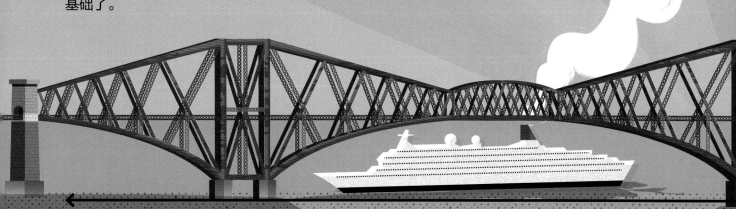

当桥墩和桥塔建成后，悬臂支架就向外建造，形成了三个巨大的菱形结构。

悬臂式解决方案

在19世纪，工程师们发现，用悬臂设计造桥可以使桥的跨度更长。即将桥台锚定在一端，然后通过交错支撑来进一步加强，这样就能实现延长大桥跨度的目标了。这样的结构，看上去就像巨型跳板一样。如果把两个这样延长了跨度的桥连在一起，那建造出来的桥，就可以非常长，而且非常坚固。这是重型铁路桥的理想选择。约翰·福勒爵士为福斯桥选择的正是这种悬臂式设计。

桥梁工程师约翰·福勒爵士和本杰明·贝克爵士用绳索、砖块和椅子向人们展示他们要造的桥。助手渡边开二坐在中间，这个位置是桥的低梁，渡边开二的体重就代表压力，作用在低梁上，而两边的工程师们伸出的手臂让渡边开二不会摇晃。

张力 ←→　　压力

这种设计平衡了桥台下方的压力和上方的张力。

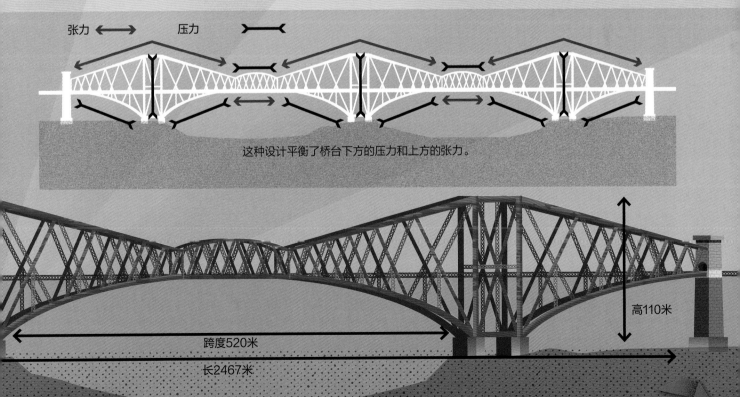

高110米

跨度520米

长2467米

比斯开桥

比斯开桥建于1893年，横跨西班牙的内尔韦恩河。这是世界上第一座运输桥，用悬挂缆车运送车辆和行人过河，至今仍在使用。

建造简介

在西班牙比斯开省，建造一座桥梁，来连接西班牙的格乔和波图加莱特的一些城镇。桥要足够高，这样高高的大船也可以从桥下面航行通过。

设计师：阿尔贝托·德·帕拉西奥
工程师：费迪南德·阿尔诺丹

地点：西班牙比斯开

水平横梁并没有焊接到塔架上。它位于桥塔之间的托座上，用70根从主钢缆上穿过的钢制悬索固定住。

高61米

← → 张力
← → 压力

设计

这座桥有四座61米高的桥塔，桥塔都是用当地开采的铁矿石制成的。桥塔建在河岸两边的旱地上，并以格栅式的梁为特色，这种桥塔很轻，风能在格栅结构中穿行。

桥塔上伸出来的钢索，把水平桥台和桥塔牢牢固定住。这些钢索则都固定在两岸的地面上。这种设计平衡了桥梁的压力和张力。

吊桥

在当地，人们把这座桥叫作"普恩特·科尔甘特"，也就是西班牙语中的"吊桥"。

缆车挂在比斯开桥下方。

与传统的悬索桥不同的是，这座桥上的交通往来是通过吊在桥下的缆车运送。缆车每90秒可以运送200人、6辆汽车和6辆自行车。最初的时候，缆车靠一台蒸汽机拉动，1901年的时候，改成靠电力系统驱动。

缆车挂在扭成一股一股的钢缆下端。

长160米

伦敦塔桥

伦敦塔桥是英国伦敦的一个重要标志建筑，于1894年开放通行。它的设计是两种桥型的结合。伦敦塔桥是一座悬索桥，以两座桥塔最为著名，桥塔之间连着一座竖旋桥。要过大船时，竖旋桥会向上吊起分开，让船只继续向前航行。

建造简介

在泰晤士河上修一条公路桥，一条行人桥。这座桥还要能让大船在下面繁忙的河面上通行。

设计师：霍勒斯·琼斯爵士

工程师：约翰·沃尔夫·巴里爵士

地点：英国伦敦

伦敦塔桥下方的公路桥方便车辆过河。

获胜的方案

建筑师们争相设计横跨泰晤士河的桥——有50多种设计方案呢！获胜的设计方案上有两座桥塔，桥塔之间用水平通道连接，升降桥面的装置藏在桥塔的底部。两根钢索一端连着桥塔，另一端连到两边的小塔上。两根钢索被十字交叉形的柱间支撑连在一起，这些柱间支撑又与下面的桥面相连。

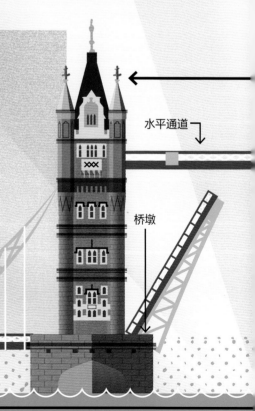

水平通道

桥墩

柱间支撑

建桥

伦敦桥塔靠两个巨型基础做支撑，这两个基础用超过70万吨混凝土制成。基础是在建造之初用沉箱沉入河床的——光做这一步，就用了四年时间！伦敦塔桥的桥塔和桥身一共用了11000吨钢铁。每座桥塔内都有四根直立的钢铁柱，用螺栓牢牢固定在花岗岩建的桥墩上。

开启机制

开启这个词，来自法语里面的"跷跷板"。伦敦塔桥的桥面由两个巨大的、可以绕轴转动的跷板组成。桥面抬起时，每个桥面有30米露在外面，有18米藏在桥塔底部。藏起来的这部分能为翘起部分提供平衡，并用铅和铁来进一步增加重量。

把桥升起这部分工作，最初是靠液压系统提供动力的，这个系统通过南岸的蒸汽机驱动，将水泵入一个封闭系统中，使桥升高，不到一分钟就可以把桥升起。如今，蒸汽系统和水系统已经被一个靠电和石油驱动的新装置所取代。

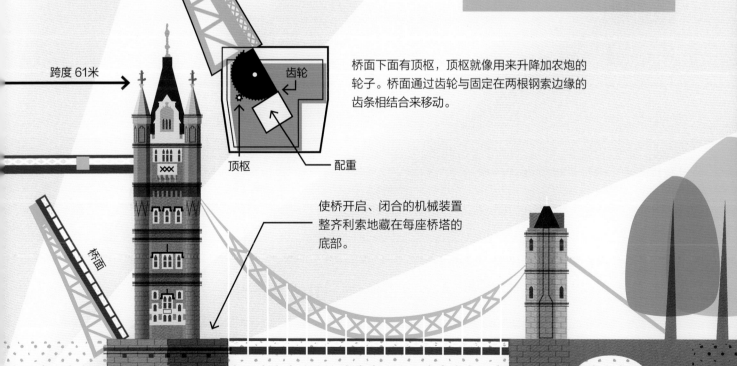

桥面

跨度61米

齿轮

顶枢

配重

桥面下面有顶枢，顶枢就像用来升降加农炮的轮子。桥面通过齿轮与固定在两根钢索边缘的齿条相结合来移动。

使桥开启、闭合的机械装置整齐利索地藏在每座桥塔的底部。

桥面

长244米

金门大桥

1937年建成时，美国旧金山的金门大桥是世界上最长的桥梁，长2737米，是桥梁工程的一个新里程碑。金门大桥优雅的设计和标志性的橙色油漆，使这座大桥成为世界上最著名、最常被人们摄影拍照的桥梁之一。

建造简介

建造一座跨海大桥，必须要考虑到温度、强风、水流的变化，以及船只在桥下通行的情况。

工程师们决定建造一座悬索桥，因为这种桥可以用最少的材料和成本建造出最长跨度的桥。

工程师：约瑟夫·B.斯特劳斯，
　　　　查尔斯·A.埃利斯

地点：美国加利福尼亚州的旧金山和马林县

压力和张力

悬索桥要靠压力和张力保持平衡。桥面的重量拉在垂直钢索上。这就产生了从垂直钢索到主钢索的张力。主钢索固定在桥两端的锚碇上，张力集中在这里。桥塔将主钢索悬挂在空中，并将桥梁的重量转移到地面上。

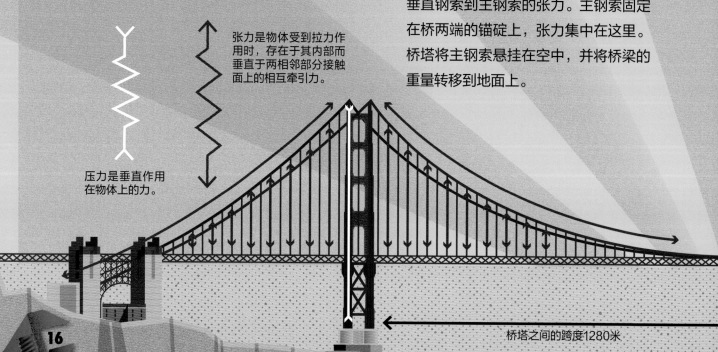

张力是物体受到拉力作用时，存在于其内部而垂直于两相邻部分接触面上的相互牵引力。

压力是垂直作用在物体上的力。

桥塔之间的跨度1280米

冷热交替

旧金山的气温有时候酷热难耐，有时候又冷风习习。工程师们必须考虑到天气变化对建筑材料的影响。

随着温度的升高，钢索不断膨胀和变长，导致桥面向水面下垂。随着温度的降低，钢索收缩，桥面向上移动。

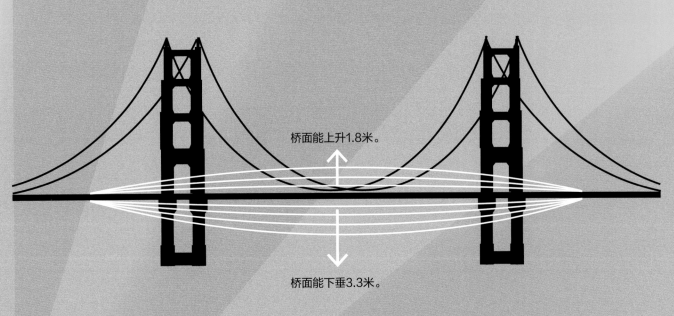

桥面能上升1.8米。

桥面能下垂3.3米。

主钢索

垂直钢索

距水面高度67米　桥面

桥塔

锚碇

阿尔伯特·罗塞里尼州长桥

又叫常绿岬浮桥或者美国新SR-520公路大桥

建造桥梁最奇特的方法之一就是在水面上建造浮桥。阿尔伯特·罗塞里尼州长桥，也叫作常绿岬浮桥，是世界上最长的浮桥，位于美国华盛顿湖，连接西雅图和麦地那。

建造简介

设计一座横跨华盛顿湖的桥。因为路线需要弯曲，所以悬索桥是行不通的。另外，由于华盛顿湖太深了，没办法建墩台基础。

项目负责公司：华盛顿州交通部

地点：美国西雅图

总长2350米

桥面建在浮筒上。

旧桥/新桥

原来的桥建于1963年，但在2016年，它被旁边的新桥所取代。这座旧桥已经老化，而且还需要再扩建才能应付日益增加的交通量。

这座新桥是世界上最长、最宽的浮桥，总长2350米，宽35米，有双向车道，以及一条供行人和自行车通行的道路。

浮筒

浮筒就是浮在水面上的混凝土块，桥就建在这些浮筒上。一共有77个浮筒横跨湖面。浮筒是中空的，让它们既可以漂浮在水面上，也可以保持桥的稳定。

桥面漂浮在华盛顿湖上。

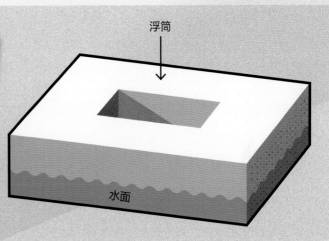

浮筒

水面

锚

浮筒上使用了三种不同类型的锚。

浮筒由58个锚固定在湖底。这58个锚位于不同的深度，可以从不同的角度固定，像脊梁骨一样支撑固定着桥面。锚固定浮筒，不让浮桥漂走，同时也用拉力使桥保持为一条直线。

重力锚
用于离湖岸很近的坚硬的土壤中。它们是长12米、宽12米、高7米的混凝土箱，里面装满了岩石。

钻杆锚
是混凝土圆柱体，隐藏在靠近湖岸的地下。

锚爪
用于湖床深处较软的淤泥土壤中。

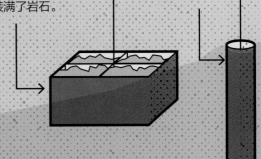

明石海峡大桥

尽管明石海峡大桥在1998年就已经建成通车，但它仍然是世界上最长、最高、造价最昂贵的悬索桥。它横跨明石海峡，连接日本主岛和淡路岛，主桥长3911米。

建造简介

建造一座从神户到淡路岛的安全桥梁，来取代渡口的职能。这座桥要足够长，并且足够坚固，要能够承受台风、海啸、强洋流和地震。

设计师：加岛聪

地点：日本淡路岛和神户

调谐质量阻尼器塔

在桥塔中，工程师们增加了20个调谐质量阻尼器，类似于大大的加重摆。它们的摆动方向与桥的相反，以此来帮助控制大桥，减少强风中桥的移动。

巨大的基础

两座巨大的桥塔都有混凝土基础，建造基础时，先把沉箱沉入海床，往里面灌进海水，再填充特殊的混凝土。基础下沉有60米，相当于20层楼那么高。另外，在桥的两端各用了35万吨混凝土来制作连接钢索的锚碇。

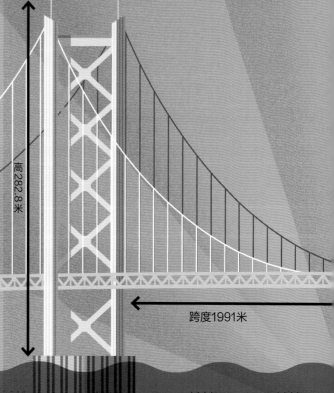

高282.8米

锚碇

桥面

跨度1991米

三角强度

1995年，桥还在建设期间，阪神发生了大地震，那时，桥的主要支撑塔已经完工。尽管桥塔很坚固，但地震使得地面发生了位移，桥塔之间的距离变得更远了。它们之间的跨度增加了1米！

这座桥太长了，桥面必须要非常坚固，才能防止被风吹变形。桥面采用钢桁架的结构，这种结构使桥面非常坚固。三角形的格栅增大了强度，同时能让风吹过。这一点很重要，因为风速可以高达每小时286千米！

桥塔 →

大桥的钢索用36830股单独的钢丝制成。 →

↑ 这座桥有六条车道和四条应急车道。

锚碇

基座 →

儒塞利诺库比契克大桥

儒塞利诺库比契克大桥的建筑师想让这座桥看起来像一块浮出水面的石头。因此，虽然桥的组件很坚固、实用，但它有一种动态的感觉。这座桥位于巴西首都巴西利亚的帕拉诺阿湖上，于2002年通车，桥面上有公路、自行车道和行人步道。

分担载重

这座桥的设计有助于沿跨度分布重量。桥面下的支座、横跨主桥的拱圈和基础共同分担载重。拱圈上竖直的钢索连接在路面的两侧，来支撑主桥面。拱圈和钢索都是用钢铁制造的，而支座和桥面则是混凝土制造的。

建造简介

在巴西利亚中部的帕拉诺阿湖上建造一座桥梁，来连接城市的新区域，设计要出众，而且能成为巴西首都巴西利亚的新焦点。

建筑师：亚历山大·陈
结构工程师：马里奥·维拉·韦尔德

地点：巴西巴西利亚

拱

为了保持桥上的载重平衡，这三个拱必须同时建造和就位。拱的底部是混凝土制成的，拱圈则是钢铁制成的。

拱是分段建造的，然后运送、抬起，并且焊接到位。拱圈钢材部分的焊接是在夜间进行的，因为白天的气温高，不容易焊接成功。

2003年，这座桥获得了ABCEM最佳钢结构奖，人们认为这座桥"与环境、审美和社区相和谐"。

美丽的儒塞利诺库比契克大桥倒映在巴西帕拉诺阿湖上。

高63米

长1200米

米约高架桥

米约高架桥于2004年竣工,优雅地穿过法国南部的塔恩河。它一度是世界上最高的桥梁,高达343米。桥的结构设计看上去又轻盈又纤细。

建造简介

设计并建造一座桥梁,桥面修一条连接巴黎、地中海海岸和西班牙的公路,跨越两个高原之间的塔恩河谷。

建筑师:诺曼·福斯特
工程师:米歇尔·维洛热

地点:法国米约

钢缆保护

米约高架桥是一座斜拉桥,有七个桥塔,与公路桥面相交。从塔顶开始,11对斜拉索上尖下宽撑开立着,沿桥面呈扇形展开,固定在相应的位置。每根斜拉索由55至91根钢缆制成。每根钢缆由7股钢丝制成;每股钢丝要经过镀锌处理,为了防止腐蚀,还要涂上石蜡,最后用聚乙烯覆盖物包裹住。

米约高架桥全长2460米,桥面高出地面270米。

单柱式桥墩到了一定高度后,沿纵向分叉为两根支柱。

桥墩和桥塔

从地面到桥面的桥墩都是用混凝土制成的，制作时，要用模板制作成形。它们必须分段制造，每个桥墩都是由若干节段拼装而成。

桥塔是用钢制成的，可以固定钢索，是桥面的一个组成部分。桥塔和桥面部件先在地面上建造好，然后沿着临时柱子和支架推到相应的位置。

我们想让桥墩看上去就好像是轻轻落在自然美景之中那样，又轻又精致，就像蝴蝶的腿。

——建筑师诺曼·福斯特

桥面

桥面由173个焊接在一起的钢材组件组成，最上面是一层特殊的沥青路面。路面必须达到高速公路的要求，要耐磨和防滑，同时也要灵活，能适应下方钢制桥面的变化才行。符合要求的这种特殊沥青，花了两年时间才找到！

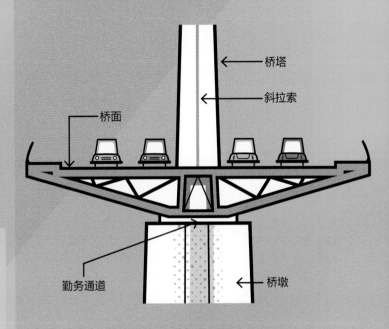

大桥横截面显示出桥面支架的流线型外形、四车道和勤务通道。

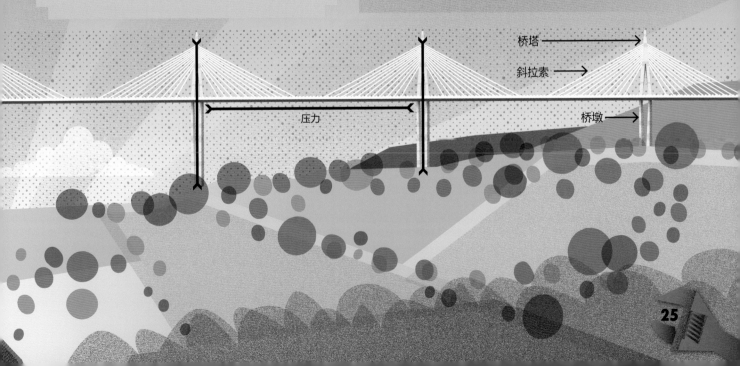

新加坡双螺旋桥

新加坡双螺旋桥是一座横跨滨海湾的桥。这座桥于2010年开放，它的设计灵感来自于DNA（脱氧核糖核酸）分子的几何扭曲形状。这座桥的玻璃和钢材看上去闪闪发光，为整个结构增加了动态活力。

建造简介

设计并建造一座标志性的人行天桥。这座桥要弯曲着穿过港口，为桥上行人提供避雨避暑的地方。

负责工程的公司：奥雅纳工程顾问公司
负责建筑的公司：考克斯建筑公司和61建筑设计公司

地点：新加坡滨海湾

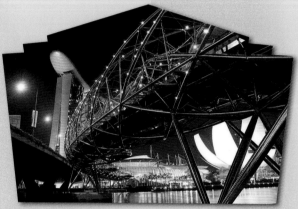

夜晚，LED灯照亮的大桥如梦如幻。

计算机建模

大桥的设计方案先在三维计算机软件上进行了测试。这使工程师能够测试他们想要使用的这种复杂螺旋形状，还能指定每个钢件的形状，并准确算出所需材料的数量。三维软件还能让他们测试行人通过时桥梁所受的压力和振动情况，并模拟发生损坏时桥梁如何维持牢固。

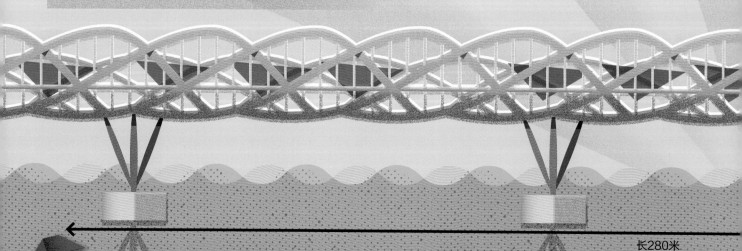

长280米

管桁架

这座桥是用管状钢建造的，具有两个螺旋形缠绕结构。桥内部在某些地方有玻璃天花板，当天气太热或下雨时为行人遮阳挡雨。

三脚支架

整座桥由倒三角架管状支架支撑。每根支撑钢柱都用混凝土填充，并与基础相连。这些支架之间的跨度长达65米。

新加坡双螺旋桥确实是一个工程奇迹。虽然这座建筑极其精致和错综复杂，但这种设计使桥梁能同时承受超过10000个行人。新加坡双螺旋桥是所有桥梁里采用这种结构的第一例，前无古人。

——见林明博士，
奥雅纳项目负责人

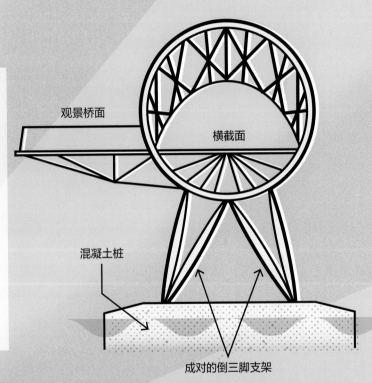

观景桥面

横截面

混凝土桩

成对的倒三脚支架

倒三角支架 ⟶

跨度65米

趣味实录

世界上的桥有各种奇特的形状和大小。以下是一些世界各地精彩桥梁的趣味记录。

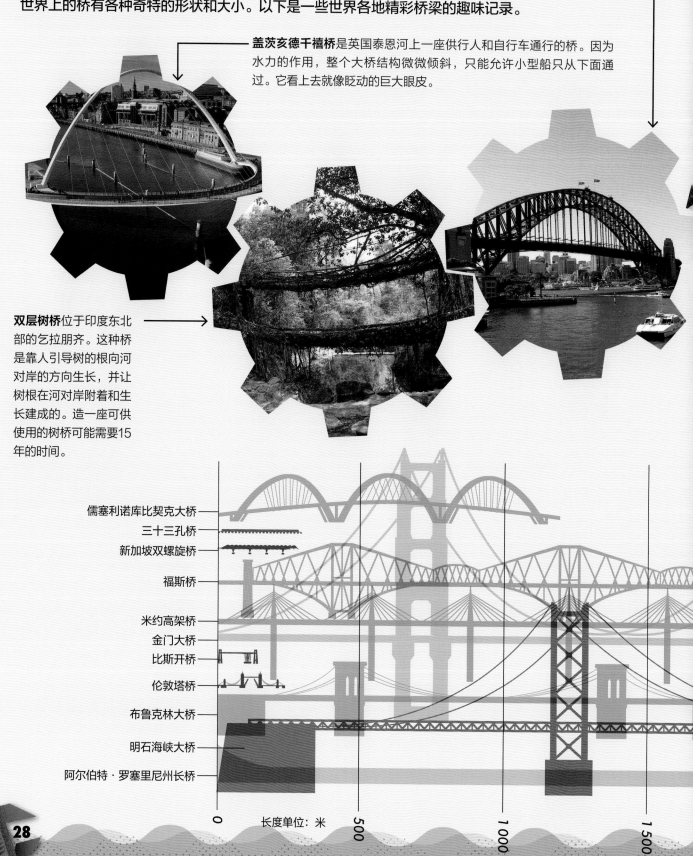

盖茨亥德千禧桥是英国泰恩河上一座供行人和自行车通行的桥。因为水力的作用，整个大桥结构微微倾斜，只能允许小型船只从下面通过。它看上去就像眨动的巨大眼皮。

双层树桥位于印度东北部的乞拉朋齐。这种桥是靠人引导树的根向河对岸的方向生长，并让树根在河对岸附着和生长建成的。造一座可供使用的树桥可能需要15年的时间。

儒塞利诺库比契克大桥

三十三孔桥

新加坡双螺旋桥

福斯桥

米约高架桥

金门大桥

比斯开桥

伦敦塔桥

布鲁克林大桥

明石海峡大桥

阿尔伯特·罗塞里尼州长桥

长度单位：米

0

500

1 000

1 500

澳大利亚的**悉尼大桥**于1932年开通，因其拱形金属外形，也被人们戏称为"衣帽架"。它由52800吨钢和600万个铆钉建造而成。

美国的**庞恰特雷恩湖桥**，曾是世界上最长的水上桥。因为地球曲率的缘故，这座桥必须比它所覆盖水面的长度长5厘米。

亨德森波浪人行桥是新加坡最高的人行天桥，最高点离地面36米，用钢条建造而成。钢条在桥面上下浮动，看上去就像是穿过树梢的波浪一样。

维琪奥桥，从1345年起就横跨在意大利佛罗伦萨的阿诺河上。桥面上有高高的桥廊，能让佛罗伦萨公爵科西莫·德·美第奇自由穿行而不受当地人的打扰。现如今，这个走廊是乌菲齐美术馆的一部分。

2 000

2 500

3 000

3 500

4 000

词汇表

DNA
脱氧核糖核酸的简称，是储藏、复制和传递遗传信息的主要物质基础。

顶枢
绕垂直轴转动的人字闸门、三角闸门门轴柱顶端的支承装置。

浮筒
漂浮于水上的密封筒。

格栅
由木条或其他材料以重复的方式相互交叉制成的结构。

桁架
由上弦杆、下弦杆与腹杆构成的一种平面格构式结构。

基础
建筑物或结构的承重部分，通常在地下。

基岩
地球陆地表面疏松物质（土壤和底土）底下的坚硬岩层。

沥青
一种黑色物质，常用于铺设道路和作防水、防腐材料。

锚
具有特殊形状，抛入水中后能迅速啮入水底而提供抓力。

锚碇
悬索桥中主缆索的锚固构造，主缆索中的拉力通过锚碇传入基础。一般都是大型混凝土块。

铆钉

一端有螺丝帽的金属钉子，穿入被连接的构件后，通过敲击没有螺丝帽的一端，可以把构件固定在一起。

配重

本书中指用来平衡另一重量的重量。

桥台

桥梁的结构之一，位于桥梁两端用以支撑桥梁上部结构，将载荷传递到基础上。

托座

一种悬臂的结构构件，以承受上部的梁或板传递下来的荷载。

悬臂

固定在一端的突出的长梁或某一结构。

支座

在建筑工程中，对另一个物体起支持作用的物体。

索引

物理超厉害

隧道

中的物理

〔英〕萨利·斯普雷/著 〔英〕马克·拉夫勒/绘
马雪云/译

中信出版集团

物理超厉害

隧道
中的物理

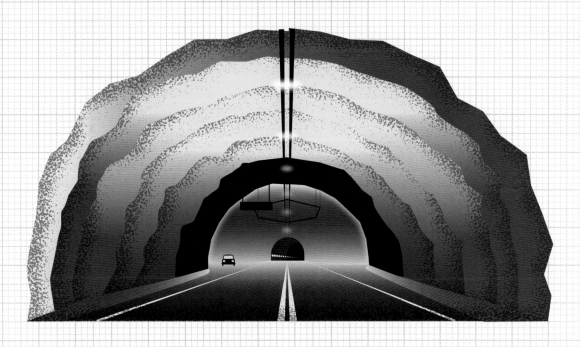

[英]萨利·斯普雷/著 [英]马克·拉夫勒/绘

马雪云/译

中信出版集团|北京

图书在版编目（CIP）数据

隧道中的物理 /(英) 萨利·斯普雷著；(英) 马克·
拉夫勒绘；马雪云译. -- 北京：中信出版社，2021.6（2024.5重印）
（物理超厉害）
书名原文：Awesome Engineering Tunnels
ISBN 978-7-5217-1991-8

Ⅰ.①隧… Ⅱ.①萨…②马…③马… Ⅲ.①物理学
－少儿读物 Ⅳ.①O4-49

中国版本图书馆CIP数据核字(2020)第110005号

隧道中的物理
（物理超厉害）

著　　者：［英］萨利·斯普雷
绘　　者：［英］马克·拉夫勒
译　　者：马雪云
出版发行：中信出版集团股份有限公司
　　　　　（北京市朝阳区东三环北路27号嘉铭中心　邮编　100020）
承 印 者：北京联兴盛业印刷股份有限公司

开　　本：889mm×1194mm　1/16　　印　张：12　　字　数：300千字
版　　次：2021 年 6 月第 1 版　　印　次：2024 年 5 月第 3 次印刷
京权图字：01-2020-1266
书　　号：ISBN 978-7-5217-1991-8
定　　价：129.00 元（全6册）

出　　品：中信儿童书店
图书策划：如果童书
策划编辑：张文佳　　　责任编辑：温慧　　　营销编辑：张远
封面设计：姜婷　　　内文排版：王莹　　　审　定：马伟斌

目录

可以挖隧道吗

隧道是建造在山岭、河道、海峡或城市地面下的通道，途经地形复杂的区域，甚至是水下，连接着不同的地方和人。

隧道的建造始于四千多年前，当时人们找到了修建安全的地下通道的方法。此后，随着工程技术的提高，隧道变得更长、更深，也更宏伟。

1825年

马克·伊桑巴德·布律内尔发明了隧道盾构（一种在软岩和土体中进行暗挖施工隧道的专用机具），他使用并改进了这个工具，在1843年修建完成第一条河下隧道——英国伦敦的泰晤士河隧道（参见第6页）。

公元前36年

一条连接意大利那不勒斯和波佐利的隧道建成了。这条隧道可以通风，即使在地下，人们也不用担心没有足够的空气。

公元前2180—公元前2160年

古巴比伦（现今伊拉克境内）的砖砌隧道把水从一个地方运送到另一个地方。

1681年

法国的米迪运河修了一条船用隧道。这是第一条用火药爆破岩石建造而成的隧道。

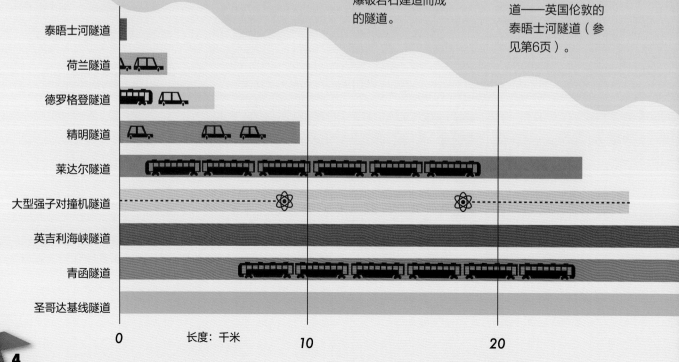

泰晤士河隧道

荷兰隧道

德罗格登隧道

精明隧道

莱达尔隧道

大型强子对撞机隧道

英吉利海峡隧道

青函隧道

圣哥达基线隧道

0　　　　长度：千米　　　　10　　　　20

世界上的长隧道

世界上的长隧道主要用来为城镇供水。以下是长度排名前六的输水隧道:

特拉华渡槽,美国纽约:137千米

派延奈输水隧道,芬兰:120千米

大伙房输水隧道,中国辽宁:85.3千米

橘河隧道,南非:82.8千米

博尔曼输水隧道,瑞典:82千米

伊米苏·奥连特隧道,墨西哥:62.5千米

1847年

彼得·M.巴洛和詹姆斯·亨利·格雷特黑德将他们的建设理念结合起来,利用圆形隧道盾构和新的施工工艺,建造了世界上第一条地下铁路——伦敦地铁的部分隧道。

1867年

瑞典人阿尔弗雷德·诺贝尔获得了达纳炸药的专利,达纳炸药可以用来帮助爆破岩石。

1907年

卡尔·埃克利发明了喷射混凝土,这是一种使用压缩空气将混凝土喷射到隧道墙壁上的方法。这样不仅可以加速混凝土的干燥,而且可以在不使用模具的情况下把它喷到指定位置。这个方法在美国首次使用。

1927年

美国纽约的荷兰隧道通车,这是世界上第一个使用机械风扇作为通风系统的隧道(参见第10~11页)。

1952年

詹姆斯·S.罗宾斯发明了隧道掘进机。这台了不起的机器彻底改变了建造隧道的历史。

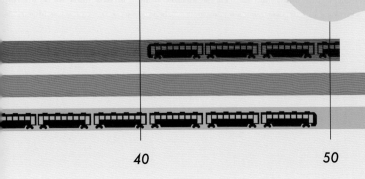

40   50   60

泰晤士河隧道

泰晤士河隧道建于1825年至1843年，是一座真正的里程碑式建筑。这是第一条途经泰晤士河主干的隧道，采用了全新的工程技术。向公众开放时，这条隧道被人们称为世界第八大奇迹。

隧道设计简介

在繁忙的泰晤士河下面，修建一条从罗瑟希德到沃平的隧道，以便人们用马车运送人和货物。

工程师：马克·伊桑巴德·布律内尔、托马斯·科克伦和伊桑巴德·金德姆·布律内尔

地点：英国伦敦，罗瑟希德到沃平

完工后的隧道长406米，宽11米，高7米，在水面以下23米。

入口塔

对于如何从地面进入泰晤士河隧道，马克·伊桑巴德·布律内尔有一个聪明的计划——在离罗瑟希德河岸不远的软土上建一座12米高的圆形砖墙。砖墙的顶部和底部用铁棒连接的铁环加固，建好之后，把下面的土慢慢挖走，这个时候重力开始发挥作用，整个砖墙就会沉入土中。

两个月后，等墙的顶部和地平面持平时，底部基础拆除部分圆墙，以便挖掘隧道。

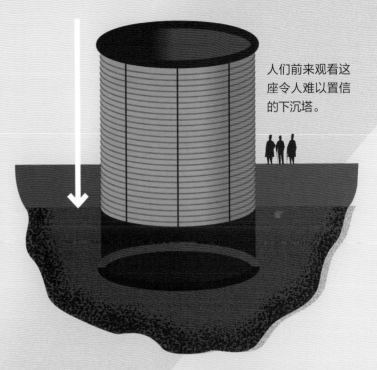

人们前来观看这座令人难以置信的下沉塔。

隧道盾构

马克·伊桑巴德·布律内尔设计了隧道盾构，这个设计可以让很多工人同时挖掘隧道。

工程所备资金很快就用光了，给马车专用的斜坡也一直没有建成。所以，这条隧道最后开放时，成了人行通道。在1869年底，它被改造成了火车通道。今天，忙碌的伦敦上班族仍然在使用这条通道。

矩形框架高且坚固，足以支撑正在建造的隧道顶部和两侧。工人们在框架内部用铁锹挖土，框架外面的人则负责铺设隧道墙壁上的砖块。

泰晤士河

为了筹集资金修建这条隧道，工程师把它变成了一个旅游景点，让人们付钱参观它的修建过程。为了让隧道看起来更长，工人们在隧道的末端装了几面大镜子。

纽约地铁隧道

美国纽约市的地铁是世界上最长、最繁忙的地下铁路之一。它有一个庞大的隧道网络，总长度为1062千米，这个网络系统每个工作日的客流量约600万人次。它于1904年首次开放，此后一直在扩建。

隧道设计简介

为不断发展的城市建设铁路系统，同时不会干扰城市街道的通勤线路。

工程师：威廉·巴克利·帕森斯等

地点：美国纽约

明挖法

早期，人们修建地铁隧道主要采用的是明挖法。也就是说，巨大的壕沟是直接在街道上挖的。挖开之后，工人们用木质框架支撑着地面，以便建造砖砌隧道。隧道建成后，再把它的顶部用泥土覆盖起来。这样挖掘起来很困难，因为在施工过程中，交通会被迫中断，下水道、煤气管道和水管也不得不重新铺置。

布朗克斯区

哈莱姆河 →

哈德孙河

曼哈顿

中央公园

在地下修建隧道的时候，工人们用木质框架支撑着两边的土壤。街道交通路线转向了壕沟周围的钢桥和木桥上。

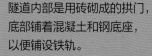

木质框架

土壤覆盖

砖砌拱门

隧道内部是用砖砌成的拱门，底部铺着混凝土和钢底座，以便铺设铁轨。

哈莱姆河隧道

哈莱姆河下面有一条地铁隧道。开工时，工人们首先在河床上挖了一条沟渠。之后把管道用螺栓连接在一起，形成这条隧道的四个通道(见下图)。这些管道在河里漂浮着，装满水后会沉入沟渠里。管道的四周和内壁均有混凝土，这样不仅可以固定管道，不让它们随意移动，而且能在水被抽出来的时候防止管道漂浮起来。

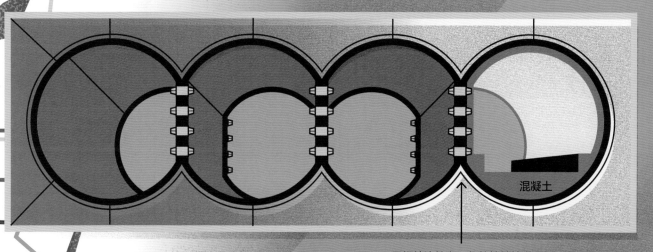

混凝土

用螺栓连接在一起的铸铁管道

后来……

多年来，为了满足乘客们日益增长的需求，纽约地铁一直在不断地扩建。最新的扩建是第二大道线的扩建，从曼哈顿延伸到了纽约的东边。随着隧道修建技术的发展，挖掘工作一直在地下进行。在地上的人们毫无察觉的情况下，工人们使用巨大的隧道掘进机（见第14~15页）凿穿岩石，修建了地下通道和地铁线路。

布鲁克林区

荷兰隧道

20世纪20年代，美国纽约市道路上的车辆以惊人的速度增长。对此，人们想出的解决方案是修建荷兰隧道。它建在哈德孙河下面，连接着曼哈顿和新泽西，以缓解这座繁忙城市的交通堵塞。

隧道设计简介

为忙碌的纽约人建造一条隧道，使城市中日益增多的汽车穿过哈德孙河。

工程师：在项目进行期间去世的克利福德·霍兰德和米尔顿·哈维·弗里曼，最后完成这项工程的奥利·辛史塔得。

地点：美国纽约和新泽西

为什么要修建隧道？

在20世纪20年代，桅杆很高的船仍然沿着哈德孙河航行。这意味着任何横跨水面的桥梁都必须非常高，才能让船只在桥下穿行。而为了能使车辆上桥或下桥，桥的两端必须要有很大的空间，但现实情况却缺少足够的空间，所以人们认为修建隧道是最好的解决方案。

地面通风站

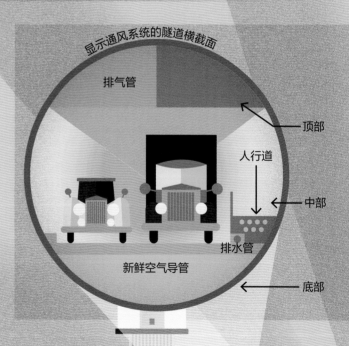

显示通风系统的隧道横截面

排气管

顶部

人行道

中部

排水管

新鲜空气导管

底部

隧道北管长2608.5米，南管长2551.5米。它的最深处位于海平面以下28.3米。

隧道的建设

每条隧道的设计是都有两条双向车道。隧道必须由在沉箱里工作的工人挖掘河床，而沉箱是为了在水下挖掘而建造的，沉箱下端设有工作室，用压缩空气阻止水体渗入工作室以便工人进行操作。45个人同时在狭窄的环境中工作，在河床的岩石上挖掘和爆破。挖出的区域用排列好的7万个铸铁支架支撑着，内墙铺设了600万块瓷砖。

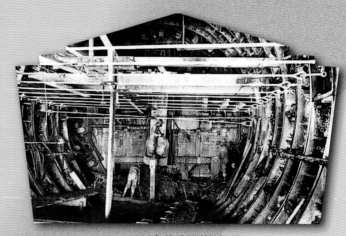

1923年修建隧道的场景

通风系统

荷兰隧道采用了由工程师奥利·辛史塔得设计的创造性的通风系统。他认为圆形隧道需要分成三个部分。干净的空气通过底部吹进来，中间是道路铺设的地方，顶部用来排出肮脏的废气。隧道里总共有84个机械风扇，其中42个用来把干净的空气吹进隧道，另外42个用来排出烟雾和废气。

空气通过四个通风站进出隧道，通风站沿着隧道分布：两个在河中，另外两个在岸上。隧道里的空气每90秒就会完全替换一次。人们认为，隧道里的空气可能比纽约市某些街道上的空气更干净。

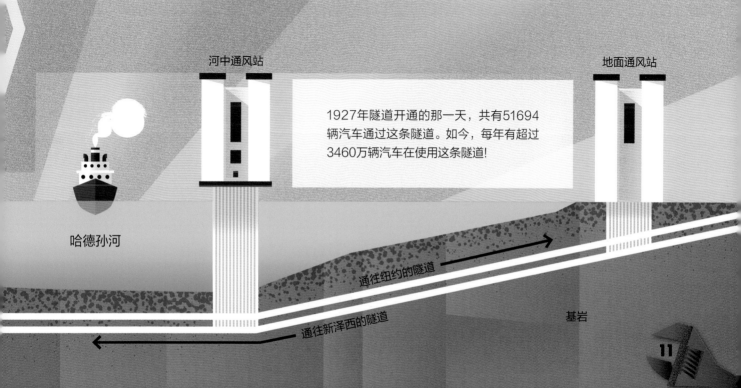

河中通风站

地面通风站

1927年隧道开通的那一天，共有51694辆汽车通过这条隧道。如今，每年有超过3460万辆汽车在使用这条隧道!

哈德孙河

通往纽约的隧道

通往新泽西的隧道

基岩

青函隧道

青函隧道全长53.85千米，是世界上第二长的铁路隧道。该隧道于1988年开通，海底段位于海床下140米，海平面下240米。建造这条隧道是为了取代一个危险的渡口，把日本本州岛和北海道连接起来。

隧道设计简介

在日本的两个岛屿之间修一条安全的交通路线，以应对越来越多的乘客，并增加贸易的往来。

隧道设计与施工：日本铁路建设公司

地点：日本筑波海峡，本州岛至北海道

挖掘

青函隧道是从起点和终点两端同时开始挖掘的。海床下的岩石有时会出现裂缝，所以要想向前推进隧道，就得钻透松软的岩石，同时用炸药爆破较硬的岩石，挖出的碎石再通过铁轨运出隧道。为了保持隧道的稳定，在隧道的内部架设了钢支架。隧道顶部喷射了混凝土，形成了隧道衬砌。（译者注：隧道衬砌是为防止隧道周边的土石风化和坍塌，并防堵地下水流侵入隧道所建造的结构物。）

本州

这条隧道连接着世界上第一对海底火车站：本州岛的龙飞海底站和北海道的吉冈海底站。

龙飞海底站

1983年，隧道在中间会合，进行了最后一次爆破。

隧道导洞，现在是一个集水区。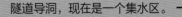

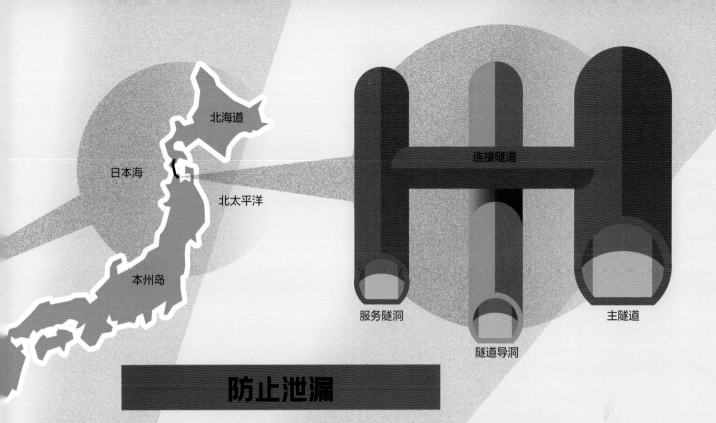

北海道

日本海

北太平洋

本州岛

连接隧道

服务隧洞

隧道导洞

主隧道

防止泄漏

当隧道在海面下挖掘时，海水开始渗漏到隧道里，这时就需要保持隧道内部的干燥。1976年，一段1.5千米长的隧道被海水淹没，工人们花了五个月的时间才控制住海水。因为这个机缘，一种稳定岩石的方法被开发了出来——在下一段要挖的岩石上钻出上端为小口，下端为扇形的孔。然后把水泥浆注入孔中，用来加固下一段要挖掘的部分。

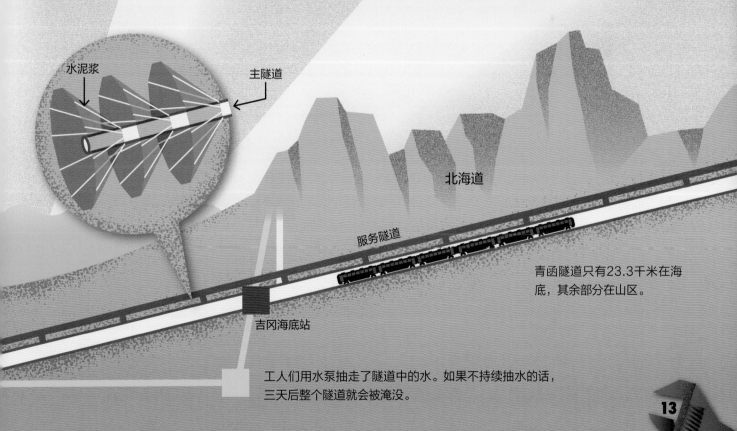

水泥浆

主隧道

北海道

服务隧道

吉冈海底站

青函隧道只有23.3千米在海底，其余部分在山区。

工人们用水泵抽走了隧道中的水。如果不持续抽水的话，三天后整个隧道就会被淹没。

英吉利海峡隧道

英吉利海峡隧道，是一个工程奇迹，全长51千米，它不仅拥有世界上第二长的海底隧道，而且连接着两个国家——英国和法国。早在两百多年前，人们就有修建跨海峡隧道的想法和尝试了，但直到1988年才开始实现。英法海峡隧道花了六年时间才建成，大约有1.3万名工人参与了施工。

隧道设计简介

在英吉利海峡之下，英法两国之间距离最短的地方，修建一条隧道，让从伦敦到巴黎的快速铁路旅行成为可能。

隧道设计与施工：英法隧道集团

地点：英国福克斯通和法国科凯勒

隧道掘进机

早期对英吉利海峡海底的调查发现，有一层泥灰岩很坚硬，但很容易被隧道掘进机挖掘。这层岩石决定了隧道的路线。每台隧道掘进机有将近三个足球场那么大！

在切割机后面，岩石和碎石被输送到传送带上，传送带将这些材料装到轨道车里，然后运走。但隧道掘进机不仅仅是破碎岩石、装碴及运输，它们还可以在隧道表面钻孔，注入水泥浆，为架设由混凝土制成的预制支架做准备。

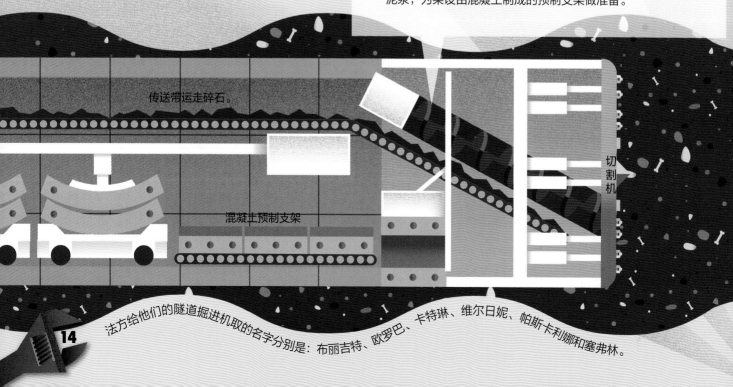

传送带运走碎石。

混凝土预制支架

切割机

法方给他们的隧道掘进机取的名字分别是：布丽吉特、欧罗巴、卡特琳、维尔日妮、帕斯卡利娜和塞弗林。

隧道地理环境

英吉利海峡隧道实际上有三条隧道：两条较大的主隧道用于向两个方向通车，中间一条是服务隧道。为了在紧急情况下有逃生通道，在两条主隧道之间每间隔375米就设一条连接三条隧道的横向通道。横向隧道沿线还有两个巨大的洞穴，如果出现故障，火车可以通过洞穴从一条线路穿梭到另一条线路。如果发生火灾，每条隧道都可以与另一条隧道隔离，以隔绝烟雾。活塞减压管从服务隧道顶部连接着两条主隧道，当火车经过，气压改变时，减压管可以把空气推入两个隧道中。

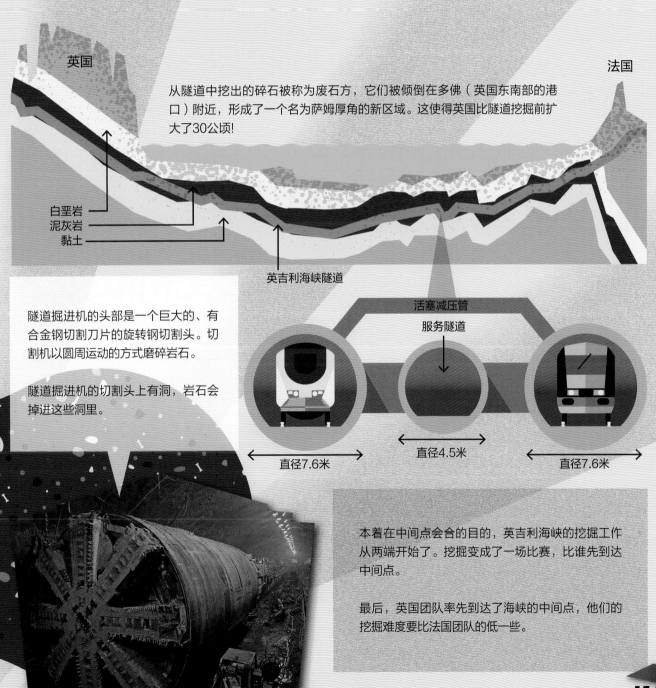

英国

法国

从隧道中挖出的碎石被称为废石方，它们被倾倒在多佛（英国东南部的港口）附近，形成了一个名为萨姆厚角的新区域。这使得英国比隧道挖掘前扩大了30公顷！

白垩岩
泥灰岩
黏土

英吉利海峡隧道

隧道掘进机的头部是一个巨大的、有合金钢切割刀片的旋转钢切割头。切割机以圆周运动的方式磨碎岩石。

隧道掘进机的切割头上有洞，岩石会掉进这些洞里。

活塞减压管
服务隧道

直径7.6米

直径4.5米

直径7.6米

本着在中间点会合的目的，英吉利海峡的挖掘工作从两端开始了。挖掘变成了一场比赛，比谁先到达中间点。

最后，英国团队率先到达了海峡的中间点，他们的挖掘难度要比法国团队的低一些。

德罗格登隧道

你知道瑞典和丹麦是通过什么连接起来的吗？厄勒海峡大桥、德罗格登隧道以及佩伯霍尔姆人工岛，这三个令人赞叹不已的工程，共同构成了世界上最大的工程项目之一。

厄勒海峡大桥

隧道设计简介

设计一条跨越瑞典马尔默和丹麦首都哥本哈根的16千米长的道路，用来发展贸易和旅游业。这条线路不能影响该地区的航运和哥本哈根机场的飞机，并且对环境的影响要最小。

桥梁建筑师：乔治·K.S.罗坦

隧道设计与施工：奥雅纳工程顾问公司

地点：瑞典马尔默和丹麦哥本哈根

德罗格登隧道

在德罗格登海峡下面的岩石中挖隧道是不可能的，所以工程师们想出了把隧道建在海底的计划。首先在海底挖一条狭窄的沟槽，然后用疏浚挖掘机把挖出来的废料装到驳船上运走。

在岸上提前把隧道的预制混凝土管道造好，为了防止水渗入管道还要把它们都密封好，随后把这些管道漂浮到指定位置。到达指定位置后，给管道内的压舱水箱加水，让它们变重慢慢下沉到挖好的海底沟槽中。最后，把隧道掩埋好，并将管道内的水抽出，这样管道的衬砌部分就完成了。

厄勒海峡大桥

厄勒海峡大桥长7.8千米，高出水面57米。这个高度能够让船只在下方自由穿行。它于2000年7月开放，是欧洲最长的铁路和公路桥。火车在下层桥面上通行，其他机动车在上层桥面上通行。

佩伯霍尔姆人工岛

工人们用修建隧道时挖出来的废土和废石，在海峡中部建造了现在的佩伯霍尔姆人工岛。这座岛是桥的终点，也是隧道的起点。从这里开始，公路和铁路并排运行。

为了吸引植物、动物，佩伯霍尔姆人工岛被保护了起来。它现在是500多种动植物的家园。

隧道有五个部分，两个供机动车使用，两个供火车使用，还有一个用于电缆、服务及逃生。

这条隧道长4千米，连接着人工岛和丹麦哥本哈根郊区的阿玛格尔岛。

服务及逃生隧道　电缆管道

莱达尔隧道

挪威的莱达尔隧道全长24.5千米，是世界上最长的公路隧道。它于2000年11月开放，连接着挪威的两大城市。它避开了复杂的地形，而且没有干扰到美丽的挪威乡村。

隧道设计简介

设计一条连接挪威奥斯陆和卑尔根的隧道，并把山区和峡湾连接起来。

运营者：挪威公共道路管理局

地点：挪威，莱达尔和奥兰

钻孔和爆破

挖掘隧道时采用了移动式凿岩机进行钻孔和爆破。凿岩机首先在岩石表面钻孔，然后把炸药填入孔中将岩石炸开。

计算机算出钻孔和爆破的位置，并用激光束在岩石表面做标记。为了清理整条隧道，总共进行过5000次爆破，用了250万千克的炸药！

防爆加固

修建隧道是一项危险的工作。爆破和清除废弃土石会让隧道中其他岩石的稳定性变弱。人们需要在新挖掘的隧道周围固定上方岩石，并重新调整它们作用力的大小，否则会给薄弱岩石区带来巨大的压力，以致它们发生爆炸，这种现象被称为岩爆。

为了防止莱达尔隧道内部发生岩爆，保证施工安全，工程师们采用了预应力锚杆对岩石进行了加固。钢螺栓被射入新暴露的岩石表面，将所有薄弱岩石区所承受的压力导向了岩石的更深处。之后，在整个区域喷上掺有纤维的喷射混凝土。这项工程用了约20万个螺栓和4.5万立方米的喷射混凝土。

岩石表面的钢螺栓

工人喷射混凝土。

凿岩机

灯光设计

为了让司机在长达20分钟的隧道行车过程中保持清醒和警觉，工程师们咨询了心理学家，想出了一些防止发生事故的妙招。工程师们在隧道两端安装风扇，并在隧道中间设置空气过滤区，来提供新鲜空气。车道中有三个洞穴，它们是足够大且足够安全的区域，这三个洞穴可以让司机远离隧道的白光，得到休息。它们内部用蓝光照亮，边缘则用黄光照亮，设计得看起来像是日出的情景。

波士顿大隧道

到了20世纪80年代，美国波士顿的道路已经无法应对城市日益增加的交通流量。解决这个问题的办法就是建造隧道。这是一项耗时16年的庞大工程，其中包括在地下铺设城市主干道，以及在波士顿港下建造隧道。

▬	现有道路
▬	新建道路
▬	新建隧道

隧道设计简介

为美国波士顿市中心设计和建造一个新的地下道路系统。它能够缓解庞大的交通压力，并为城市提供新的交通线路。

工程师：比尔·雷诺兹、弗雷德里克·P.萨尔武奇

地点：美国波士顿

泥浆墙

波士顿的土壤松软且含水量高，泥浆墙能保证工程师们在这种土壤中顺利挖隧道。

建造泥浆墙的步骤：

1.修建导墙，并在导墙旁边挖一个沟槽。

2.给沟槽填充泥浆（水和黏土的混合物）。泥浆的压力可防止导墙的沟槽塌陷。

3.将钢笼放入填满泥浆的沟槽中，然后把混凝土从底部泵入沟槽。当混凝土被泵入时，泥浆会被挤出来。混凝土一旦凝固，就会在隧道壁上形成一个面板。

1. 墙体

2. 泥浆

钢笼

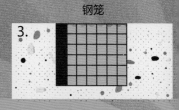

3.

地面冻结

地面冻结管

波士顿的一些地面非常松软，很难稳定。所以，工程师们在挖掘时会暂时冻结地面，以使其稳定。为此，工人们将用盐水或液氮冷却的特殊管道放入地下，使周围土壤中的水结成了冰。

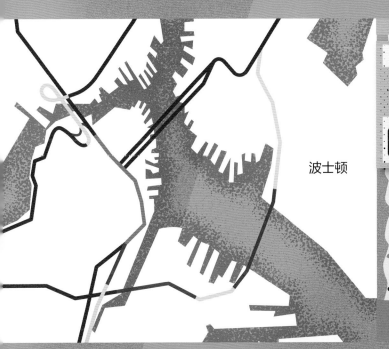

波士顿的道路和隧道图。

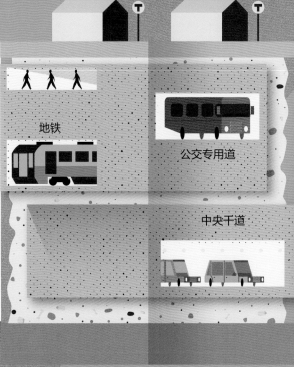

地铁

公交专用道

中央干道

波士顿大隧道工程在城市下方建造了许多不同的隧道，以容纳行人、火车、电车和汽车。

隧道顶升

隧道不得不建在经常使用的铁路下面。工程师们需要使用一种叫作隧道顶升的技术。这需要推动一个巨大的空心混凝土箱穿过地下的土壤——直接把它推到铁轨下方。当它推过时，泥土被混凝土箱挖出并倾倒出来。当混凝土箱向前移动时，后面的空间里就会加上支架。

推

特德·威廉斯隧道

特德·威廉斯隧道是在波士顿港下建造的，它是一条高速公路隧道，总长2.6千米，由钢筋混凝土建造而成。这条隧道双筒状的部分，看起来像个巨型双筒望远镜，是在地面上制作好之后沉到水下指定位置的。它们被放置在疏浚过的河道中，连接在一起后形成了隧道。每条隧道里有两条车道。这条隧道以波士顿红袜队一名著名棒球运动员的名字命名，并于2003年开放。

精明隧道

精明隧道位于马来西亚的吉隆坡，本义是洪水管理和公路隧道，于2007年开通。它不仅可以缓解该地区的交通拥挤状况，而且还能在洪水泛滥时提供出色的排水系统，确实是一条非常智能的隧道。

隧道设计简介

设计和建造这条隧道，是为了把巴生河和贡巴克河的洪水从市中心引开，并且增加汽车通行的道路。

工程师：莫特·麦克唐纳、古斯塔夫·克拉多斯（高级项目经理）

地点：马来西亚吉隆坡

双重目的

在设计泄洪隧道时，工程师们认为，它也可以用作公路。这样汽车就不仅可以在地面上行驶，还能在城市的地下行驶。因此，这条隧道修建了两层公路，隧道的最下层部分则可以用来泄洪。

精明隧道不允许卡车和摩托车行驶，因为它们造成的事故可能要比汽车的多。

这条隧道长9.7千米，其中4000米用作汽车车道，直径是13.2米。

裂缝和洞穴

精明隧道是用两个专门设计的隧道掘进机挖成的。它们从隧道中间开始向两头挖。吉隆坡的石头是石灰岩，岩石上面有许多小孔。

地质学家在掘进机前方钻孔，以检查岩石结构是否有断裂。如果隧道掘进机在地下挖出一个洞，水流进去后很可能会形成一个被称作落水洞的巨大洞穴。在发现裂缝、孔洞及其他薄弱的地方，泵入混凝土灌浆来填充空隙，为掘进机的钻入提供安全的空间。

三种模式

完工后的隧道有三种运行模式：

模式1
当不下雨或下小雨时，车辆可以使用隧道中的两层公路。

模式2
当有中雨时，两层公路可以供汽车使用，底部排水层用于将雨水引至城市南部的河流。

模式3
一年大约有两次大量降雨，城市遭受洪水的威胁，这时隧道禁止车辆通行，三个部分仅允许雨水流过。

隧道被用来泄洪后，在允许汽车再次通行之前，会花大约两天时间来清理干净。

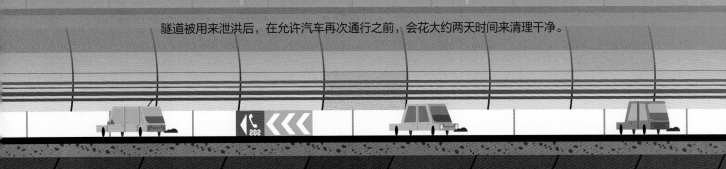

大型强子对撞机隧道

大型强子对撞机隧道与其他隧道有许多不同之处。它不是运输线路，也不能引水，整个是环形的！这条隧道的周长为27千米，是大型强子对撞机的所在地。大型强子对撞机是一种试图重现宇宙大爆炸时存在条件的仪器。

隧道设计简介

改造现有的隧道来容纳大型强子对撞机。

工程师：来自欧洲核子研究中心的约翰·奥斯本

地点：瑞士日内瓦

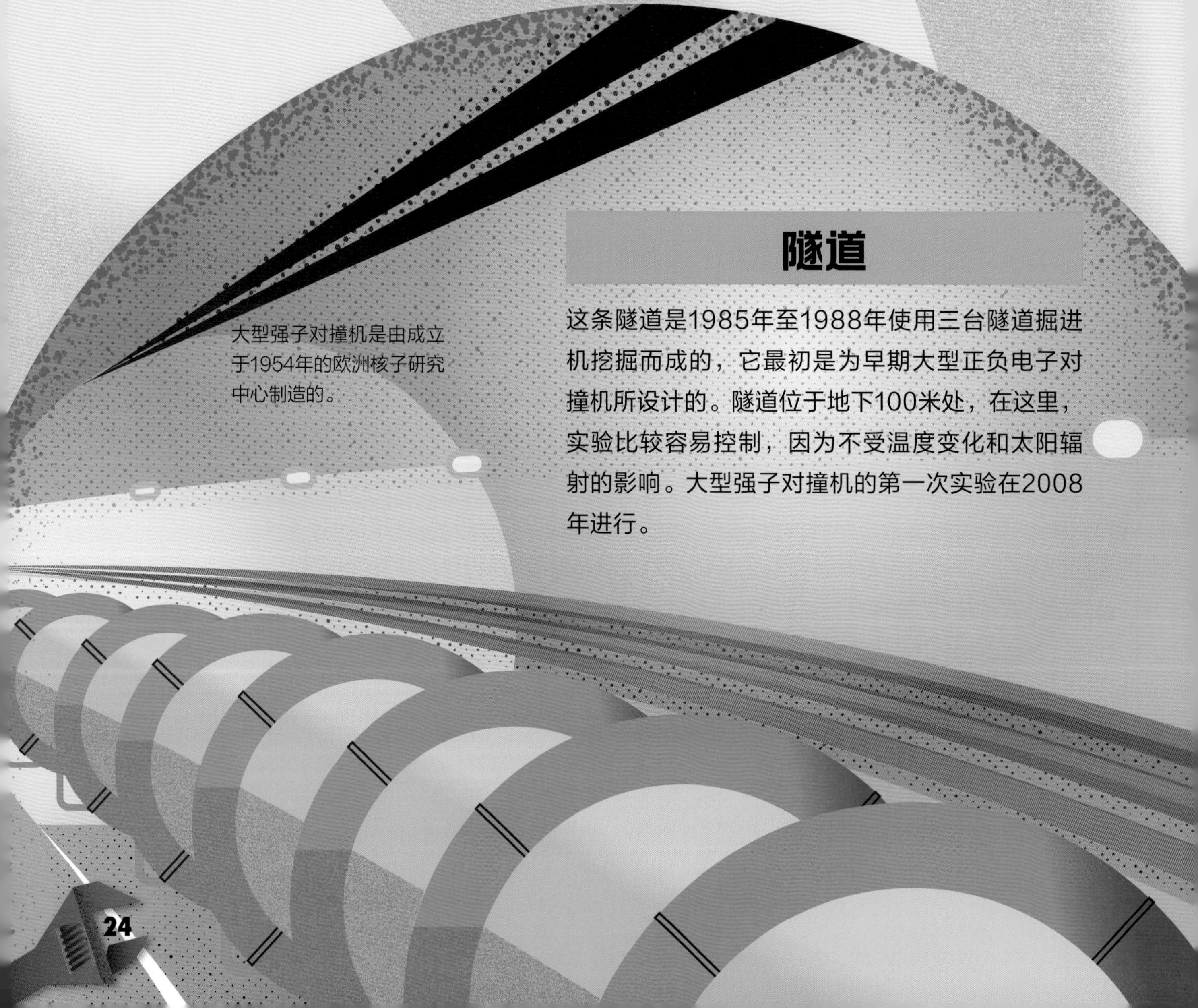

大型强子对撞机是由成立于1954年的欧洲核子研究中心制造的。

隧道

这条隧道是1985年至1988年使用三台隧道掘进机挖掘而成的，它最初是为早期大型正负电子对撞机所设计的。隧道位于地下100米处，在这里，实验比较容易控制，因为不受温度变化和太阳辐射的影响。大型强子对撞机的第一次实验在2008年进行。

大型强子对撞机的作用

大型强子对撞机是世界上体积最大、能量最强的粒子加速器。这台机器把两个粒子束以接近光的传播速度，向隧道里的两个相反的方向发射，希望它们会相撞。放置在隧道周围的磁铁使光束弯曲。同时，四个粒子探测器收集有关粒子碰撞的线索，帮助物理学家更多地了解宇宙起源的情形。

法国

大型强子
对撞机 →

欧洲核子研究
中心实验室

瑞士

这条隧道穿过了法国和瑞士的边界。

粒子探测器

月球运动

虽然把大型强子对撞机放在地下意味着实验条件更容易控制，但每个月中总有一天，事情会发生变化。在满月的夜晚，地壳会上升约25厘米，这会导致隧道边缘或周长拉伸约1毫米。虽然这看起来不是一个很大的变化，但对物理学家来说，足以让他们在分析测试结果时必须考虑到这一点。

什么是暗物质？什么是反物质？什么是黑洞？欧洲核子研究中心的科学家们希望大型强子对撞机能帮助他们发现这些重大问题的答案，以及更多……

圣哥达基线隧道

阿尔卑斯山脉下有许多条隧道，其中最长、最深的是2016年通车的圣哥达基线隧道。

隧道设计简介

设计一条贯穿圣哥达山脉的铁路线，成为穿越瑞士的高铁线路。

工程师：厄恩斯特·巴斯勒以及阿尔卑斯枢纽计划公司

地点：瑞士

设计和路线

为了确保山上的岩石足够稳定，能够进行钻探，也能够支撑隧道，工程师们必须进行广泛的地质测试。在测试过程中，一个后方有水的岩石区被钻了一个洞，这让试验隧道内充满了高压水，导致工程师必须为隧道重新选择一条更深的路线。

测试结果表明，更深处的岩石是大理石——一种非常适合进行隧道挖掘的坚硬岩石。它是世界上最深的铁路隧道，部分地区深达地下2.3千米。

圣哥达基线隧道全长57千米，是世界上最长的铁路隧道。

施工计划

为了按时完成大规模的挖掘工作，隧道从四个不同的地方开始挖掘，分别是埃斯特菲尔德、阿姆施泰格、塞德龙和法伊多。后来又在博迪奥的隧道尽头增设了一个车站。当时有多达1000人在隧道里工作。这个项目使用了四个大型隧道掘进机。隧道掘进机挖掘岩石，并喷射液体混凝土到裸露的岩石表面，以稳定新挖掘的区域，确保施工的安全。施工的6年间，挖掘机每天都在24小时运转。

内部防水

隧道的内壁是由混凝土制成的。为了暂时支撑隧道顶部，在施工的第一阶段，工人们会在隧道内喷射液体混凝土。在一些有地下水的地方，还会增加其他额外的材料层来防水。首先是一层塑料网，然后在塑料网外再加一层塑料布，这使得地下水都绕着隧道流动。最后，把普通混凝土倒入金属模具和塑料网之间的夹层，再把金属模具取出，隧道衬砌就完成了。

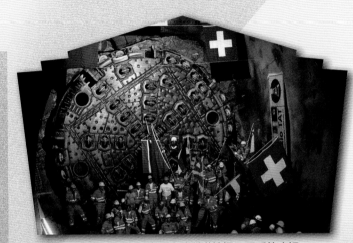

隧道掘进机穿过岩石完成隧道挖掘工程后的庆祝活动。

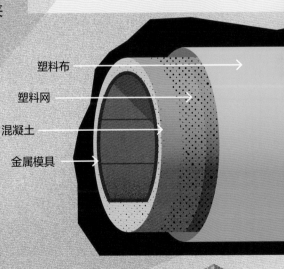

塑料布

塑料网

混凝土

金属模具

工人在塞德龙段往隧道的墙壁上喷射混凝土。

趣味实录

地下有许多条隧道。可能现在你的脚下就有一条！

马尔马拉隧道于2013年开通，它是土耳其伊斯坦布尔博斯普鲁斯海峡下的一根沉管。博斯普鲁斯海峡把伊斯坦布尔一分为二，一部分在欧洲，另一部分在亚洲。这条隧道连接着欧亚大陆，坐四分钟火车，就能从欧洲到达亚洲了。

在中国上海，游客们可以乘坐火车，通过一条灯光明亮、有各种音效和音乐的外滩观光隧道，来一段647米长的万花筒之旅。

世界上最长的滑水隧道是位于德国银河埃尔丁水上公园的魔法眼。它长达360米，你可以坐在巨大的橡胶圈里顺流而下。

世界上最大的风洞位于美国加利福尼亚州的美国国家航空和宇航局艾姆斯研究中心。它长426米，高54.8米，有两个试验区，足以容纳一架全尺寸飞机。在这张照片中，一个为火星任务设计的降落伞正在接受测试。

林肯隧道位于美国，连接着新泽西州的维霍肯和纽约市的曼哈顿中城区。每天有12万辆车往来于此，使它成了世界上最繁忙的隧道之一。

泰国清迈水族馆拥有世界上最长的水中隧道。游客们可以穿过133米长的隧道，透过有机玻璃看到多达250种鱼和其他水生动物。

词汇表

废石方
挖掘隧道或其他建筑物时清除的碎石或废料。

服务隧道
与主隧道并存的隧道，用于维修或停放应急车辆。

合金
由一种金属与其他金属或非金属组成的具有金属特性的物质。

黑洞
宇宙中物质自身塌缩所形成的区域，具有极强的引力。

混凝土
由水泥、砂、石子、水及其他材料按一定比例拌和后硬化而成的建筑材料。

活塞减压管
在英吉利海峡隧道中一种连接两条铁路隧道的空气管道，可使高速列车产生的部分高压空气从一个隧道转移到另一个隧道，有助于减少火车通过时隧道内气压的变化。

落水洞
除了文中提到的形成方式，落水洞还可以由水蚀形成，通常出现在石灰岩地区。

喷射混凝土
通过软管以空气压力高速喷射于结构物表面的砂浆或混凝土。

石灰岩
一种天然的坚硬岩石，常被用作建筑材料。

液氮
氮气冷却到很低的温度后会变成液体。

疏浚
清除河床上的泥土、杂草和垃圾，使水流畅通。

有机玻璃
由一种合成材料丙烯酸塑料制成的，这种材料制成的透明薄片类似玻璃。

峡湾
滨海地区冰川侵蚀作用所成的槽谷，因海水侵入而成的狭长海湾。

铸铁
铁、碳和硅的合金，在模子里浇铸以形成硬铁。

压缩空气
比我们周围大气中的空气承受更大压力的空气。

索引

物理超厉害 交通工具

中的物理

［英］萨利·斯普雷 / 著　［英］马克·拉夫勒 / 绘

马雪云 / 译

华盛顿

华盛顿

中信出版集团 | 北京

图书在版编目（CIP）数据

交通工具中的物理 / (英) 萨利·斯普雷著；(英)
马克·拉夫勒绘；马雪云译. -- 北京：中信出版社，
2021.6（2024.5重印）
（物理超厉害）
书名原文：Awesome Engineering Trains, Planes,
And Ships
ISBN 978-7-5217-1991-8

Ⅰ.①交… Ⅱ.①萨…②马…③马… Ⅲ.①物理学
-少儿读物 Ⅳ.①O4-49

中国版本图书馆CIP数据核字(2020)第110035号

交通工具中的物理
（物理超厉害）

著　者：［英］萨利·斯普雷
绘　者：［英］马克·拉夫勒
译　者：马雪云
出版发行：中信出版集团股份有限公司
　　　　　（北京市朝阳区东三环北路27号嘉铭中心　邮编　100020）
承 印 者：北京联兴盛业印刷股份有限公司

开　　本：889mm×1194mm　1/16　　印　张：12　　字　数：300千字
版　　次：2021 年 6 月第 1 版　　印　次：2024 年 5 月第 3 次印刷
京权图字：01-2020-1266
书　　号：ISBN 978-7-5217-1991-8
定　　价：129.00 元（全6册）

出　品：中信儿童书店
图书策划：如果童书
策划编辑：张文佳　　责任编辑：温慧　　营销编辑：张远
封面设计：姜婷　　内文排版：王莹　　审　定：姜军

目录

发展中的交通工具

火车、飞机和轮船载着人们和货物来往于世界各地。下面这张时间图标出了火车、飞机和轮船在发展过程中各自的关键时间点。

关键时间点

9000 8000 7000 6000

轮船

公元前8200—公元前7600年
欧洲地区，迄今为止发现的最早的船是庞斯独木舟，这是一艘用一个整块的树干做成的独木舟，发现于荷兰。

公元前1550—公元前300年
腓尼基人（生活在今黎巴嫩和叙利亚沿海一带）和古希腊人做出了带船桨的木质桨帆船。

公元900年
维京长船，由木头制成，以桨和帆驱动。船身很宽，既可以在河里航行，也可以在大海上航行。

1511年
玛丽·罗斯号战船（参见6~7页）下水。

19世纪
快速帆船，是一种高大的流线型帆船，用于从中国运输茶叶等货物。它有很多帆，速度也很快。

火车

16世纪50年代
轨道一开始用于运输装了很重货物的容器。这些容器由马或人拉着，在木头铺成的轨道上移动。后来，这些木头轨道演变成了铁轨。

1801年
理查德·特里维希克发明了第一台蒸汽机车：蒸汽恶魔。1804年，他又发明了潘尼达伦号机车，这是第一台在铁轨上跑的火车。1808年，第一辆客用火车谁能追上我号开始运行。

1829年
斯蒂芬森火箭号蒸汽机车（参见10~11页）。

1829年
美国第一台蒸汽机车斯陶尔布里奇雄狮号，在英国制造完成后运送到美国，并在宾夕法尼亚州洪斯代尔试运行。

1863年
第一个地下蒸汽火车系统，在伦敦开通，也叫作大都会铁路。

飞机

1010年
马尔梅斯伯里修道院的修道士艾尔默，给自己的胳膊装上翅膀，从修道院的楼顶上一跃而下。（编者注：危险动作，请勿模仿。）据记载，他飞行了15秒，飞行距离200米。

1870年
古斯塔夫·特鲁韦建造了一台扑翼飞机（一种拍打双翼的飞行器）。它可以飞行70米，由少量火药爆炸来为机翼提供动力。

1903年
飞行者1号（参见14~15页）起飞。

1927年
查尔斯·林德伯格（又译林白）乘坐自己的流线型单引擎飞机圣路易斯精神号，成功不间断飞越大西洋，成为第一个单独飞越大西洋的人。

1930年
英国的弗兰克·惠特尔获得了喷气式发动机设计的专利。1941年，安装了这个发动机的英国第一架喷气式飞机格洛斯特E.28/39号进行了飞行测试。

0

5000 4000 3000 2000 1000 | 1000 1100 1200 1300 1400 1500 1600 1700 1800 1900 2000

公元前 | 公元后

1816年
华盛顿明轮船（参见8~9页）投入使用。

1819年
萨班那号，是第一艘能横跨大西洋的蒸汽船。这艘木船可以借助船帆航行，也可以使用蒸汽驱动侧桨来行驶。

1843年
大不列颠号轮船（参见12~13页）开始航行。

1912年
赫赫有名的泰坦尼克号启航了。1912年4月15号，这艘巨大的客轮在第一次航行中与冰山相撞后沉没。

2013年
美国福特号航空母舰（参见26~27页）投入使用。

2015年
世界上最大的游轮海洋和谐号启航了。这艘船可以搭载5479名乘客，船上还配备一个剧院、数个游泳池和一个溜冰场。

1879年
在柏林，第一辆电力机车成功运行。电力机车在19世纪90年代非常流行。这种车由第三条电轨或者车身上方的电缆供电，以提供动力。

1883年
东方快车号列车开始在巴黎和君士坦丁堡（今伊斯坦布尔）之间运行。这辆车让乘客可以在去异国的旅途上，享受到奢华的旅途服务。

20世纪20年代
柴油机车开始广泛使用。这样的车把柴油作为燃料，以产生带动发动机的能量。柴油机车比蒸汽机车动力更大，污染更小。

1964年
新干线（子弹头）火车（参见18~19页）。

2002年
上海磁悬浮列车（参见22~23页）。

1933年
波音247飞机为10名乘客提供了安全舒适的长途旅行，谱写了航空旅行的新篇章。

1937年
经过改良的洛克希德-伊莱克特拉XC-35号飞机，所有机舱均为增压机舱。这使人们终于可以在飞行时摆脱氧气面罩了。

1939年
He-178喷气式试验机（参见16~17页）。

1966年
霍克西德利公司的鹞式战斗机完成首飞。它是第一架可以垂直起降的飞机，可以以任何角度盘旋和飞行，甚至倒着飞！

1969年
协和式飞机（参见20~21页）。

2005年
空中客车A380（参见24~25页）完成首飞。

玛丽·罗斯号战船

玛丽·罗斯号战船于1511年下水，属于英国都铎王朝亨利八世的海军战队。这艘战船为英国提供了多年辉煌的服务，于1536年经历了一次改造，之后在1545年的索伦特海战中沉没。不过，这艘船的历史并没有就此结束。1971年，人们发现了沉船的残骸，11年后，残骸被打捞出来。

战船设计简介

建造一艘最先进的大型战船，扩充皇家海军，保卫英格兰海岸线。

位置：英国朴次茅斯

600棵巨大的橡树

玛丽·罗斯号战船是一艘巨大的木质大帆船，船头上有高高的桅杆，船尾有备用的甲板。玛丽·罗斯号由优质的橡木制成。据估计，要建造这样一艘巨大的船，需要600多棵巨大的橡树。

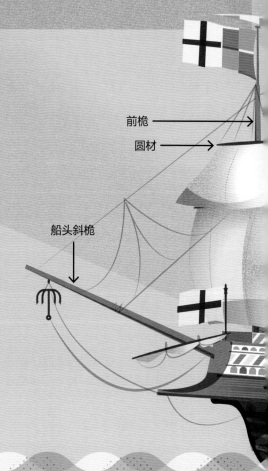

前桅

圆材

船头斜桅

稳定性

主船体是指甲板及其下方的防水部位。玛丽·罗斯号的船体里装满了砾石（压舱物），这可以让船保持平衡，并让船的重心降低。在玛丽·罗斯号的最后一次航行中，超载的枪炮让船身过于沉重。据猜测，玛丽·罗斯号可能是由于一个急转弯，使得船身倾斜。这将炮口置于水线以下，使海水涌了进去，淹没了船舱，导致它沉没。

速度和转向

玛丽·罗斯号战船重约453吨，航速并不快，也不够灵活。转向和速度由桅杆和船帆控制。不同形状和大小的船帆利用风力推动船前行。桅杆上的绳索可以调节帆的角度，以便更好地利用风力，帮助船转向。

1982年，玛丽·罗斯号由一个特制的托架打捞出来。

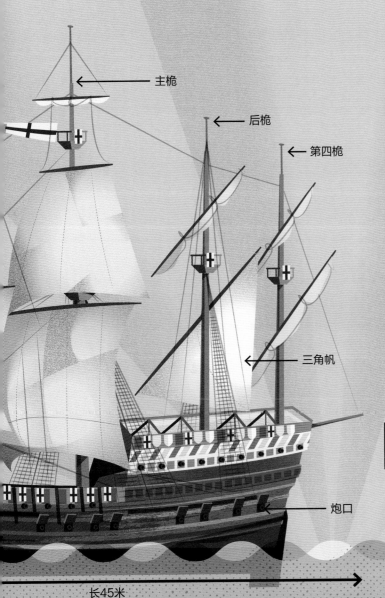

主桅

后桅

第四桅

三角帆

炮口

长45米

重叠还是平铺

残骸打捞出来后，人们就可以看出哪些木材是原始的，哪些是1536年维修时更换的。建造木制船体时使用了以下两种技术：

重叠法

这种方法相对过时了，它是把木板一块块重叠地铺在一起，再把钉子钉进木板，把留在木板外面的钉子砸弯，对木板进行加固。不过在船舷上开炮口，削弱了这种结构的稳定性。

平铺法

在1536年，这种方法更为先进。把木板一块块平铺在一起，固定在一个木质框架上。再以马鬃和细绳做成的填充物填满木板之间的空隙，最后再加一个防水层。

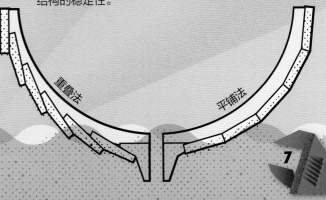

重叠法

平铺法

华盛顿明轮船

19世纪，在美国的密西西比河上，经常可以看到明轮船的身影。这种船可以运送大量的人和货物，为沿河数十个州的商业发展做出了重要贡献。华盛顿明轮船是其中最快的一艘，于1816年投入使用，那时候正是明轮船的黄金时期。

明轮船设计简介

设计并建造一艘运送货物和乘客的船。这艘船必须有足够的动力，能够在逆流里航行，还能在浅水区航行。

工程师：亨利·施里夫

位置：美国西弗吉尼亚州惠林

作家马克·吐温（1835—1910）曾在明轮船上做过河流引航员。他曾经写过："在密西西比河上引航，对我来说不算工作，而是娱乐，是一场有趣的娱乐，冒险的娱乐……我喜欢这份工作……"

建造

这艘船由木头制成，底部平坦，所以可以在浅水区航行。船身两头连着的铁链，通过螺丝扣拉紧。铁链的拉力造成船身下弯，而水又把船往上托。这两种相对的作用力，利于保持船底平坦。

华盛顿

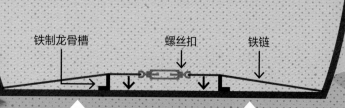

铁制龙骨槽　　螺丝扣　　铁链　　← 船身

蒸汽发动机

华盛顿明轮船使用的蒸汽发动机,安装在船尾。炉膛及锅炉安装在船头附近,用以平衡轮船的重量。

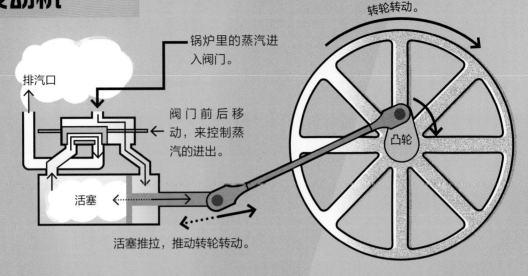

锅炉里的蒸汽进入阀门。

排汽口

阀门前后移动,来控制蒸汽的进出。

活塞

活塞推拉,推动转轮转动。

转轮转动。

凸轮

蒸汽发动机有一些简单的零件。炉膛是点火和燃烧的地方。锅炉里的水被烧热后,就会沸腾,产生蒸汽。蒸汽进入连接转轮的活塞杆系统。随着系统内的压力升高,蒸汽就会充满活塞内的空间,驱动活塞,转动转轮。

转轮

华盛顿明轮船是一艘船尾明轮船,就是说船上的大型转轮位于船尾。这艘船的转轮是木质结构,船尾的两端各有一个,中间以拨水板隔开。转轮被发动机带动起来后,拨水板切入水里,把水往后拨,以产生推动轮船前行的动力。在任何时候,轮子都有四分之一在水里。

华盛顿

转轮

长57米

斯蒂芬森火箭号蒸汽机车

1829年，英国默西塞德郡举办了一场雨山试车选拔赛。这场比赛的目的是找到当时最好的机车。火箭号是唯一完成比赛的机车。获得的奖励是参与设计在利物浦和曼彻斯特之间的铁路上运行的蒸汽机车的项目。

蒸汽机车设计简介

当时需要设计建造一个可靠的蒸汽机车，能够运送货物和乘客，帮助利物浦和曼彻斯特之间新建成的铁路线运转。

工程师：乔治·斯蒂芬森和他的儿子罗伯特·斯蒂芬森

位置：英国默西塞德郡雨山

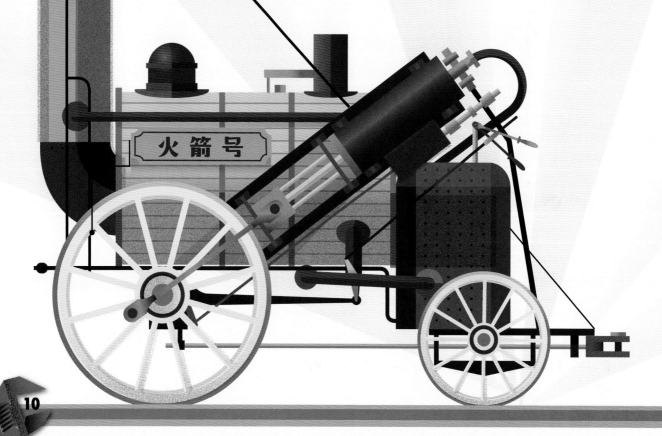

多管锅炉

早期的蒸汽发动机只有一到两根管道，把热量从火中输送到水箱。斯蒂芬森设计了一个多达25根铜管道的多管锅炉，增加了锅炉受热面。这样，水箱里的水升温更快，发动机的动力更足，使得斯蒂芬森的蒸汽机车跑得更快。

烟囱

蒸汽和烟雾

鼓风管
由活塞出来的蒸汽通过鼓风管，从烟囱排出。这样增加了烟囱的抽力和压力，驱使炉膛里的热空气通过管道进入锅炉。随着活塞抽动，烟雾和蒸汽从烟囱里喷出，发出声音，这就是蒸汽火车会发出"噗噗"声的原因。

斯蒂芬森火箭号的复制品

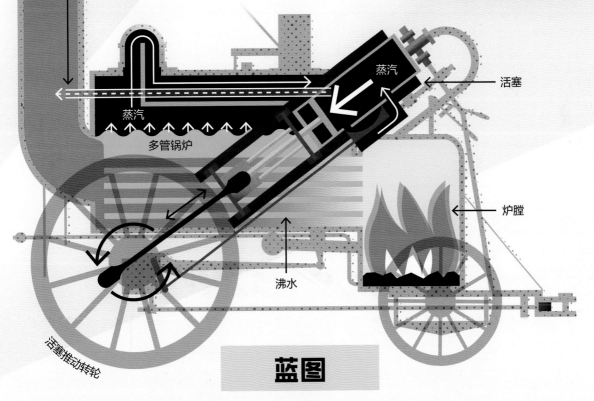

蒸汽

蒸汽

多管锅炉

活塞

炉膛

沸水

活塞推动转轮

蓝图

火箭号的设计特别强调快速和轻量，以运送乘客为主，而不是煤或其他货物。它不是第一辆蒸汽机车，但却是当时最成功的蒸汽机车，推动了客运铁路网的发展。这辆机车在之后的150年一直是蒸汽机车的设计蓝图。

大不列颠号轮船

伊桑巴德·金德姆·布律内尔，是维多利亚时代一位富有创造力的工程师，他将各种最新的造船想法全投入在了大不列颠号轮船的建造设计上。这艘船于1843年开始航行，是当时世界上最长的客轮，也是第一艘由钢铁制成的蒸汽轮船。

轮船设计简介

使用最新技术建造一艘客用和货用轮船，横渡英国和美国之间的大西洋。

工程师：伊桑巴德·金德姆·布律内尔
设计师：托马斯·格皮

位置：英国布里斯托尔

1845年，这艘船成为第一艘穿越大西洋的蒸汽钢船。这趟航行只用了两个星期。

这艘船由两个巨大的蒸汽发动机带动，另外它还能借用风力。船上有六个带铰链的钢制桅杆，上面有巨大的船帆，不用的时候可以收上去。

长98米

钢制船身

本来大不列颠号的船体打算用木头建造。后来布律内尔看到了彩虹号——一艘钢制轮船，就改变了主意。布律内尔意识到，使用钢铁代替木头，会具备更多的优势：

• 钢铁比木头更坚固，而且不会腐烂和产生蛀虫；
• 19世纪，钢铁供应充足，而木材更为昂贵，并且也难以找到适合这样大项目的木材。

在工程设计末期，布律内尔曾设计了一艘纪念船。这艘纪念船长98米，重1961吨，是当时全世界第二重的船。

你可以在英国布里斯托尔看到大不列颠号。

驱动力

布律内尔设计的前几艘船，都是使用桨轮在水里推动轮船。这次，他决定用螺旋桨。螺旋桨位于水下，在船尾附近。比起在船身两侧放置桨轮，布律内尔将螺旋桨安装在船尾附近，使船身曲线更流畅，从而也使船在起伏的大海上运行得更平稳。

螺旋桨是一种类似风扇的结构，叶片在位于船尾的驱动轴上旋转。旋转时，前后方形成不同的压力。后方被搅动的水形成一种推力，推动船身前进。

驱动轴

飞行者1号

1903年12月17号，莱特兄弟创造了历史，他们所研究设计出的飞机——飞行者1号——起飞了。飞行者1号第一次动力起飞只维持了12秒，也只飞行了36.5米，但是这揭开了飞行的新时代。

飞机设计简介

制造世界上第一架可操控并有动力的飞行器，并改变现代交通工具的未来。

工程师：威尔伯·莱特和奥维尔·莱特

位置：美国北卡罗来纳州的基蒂霍克

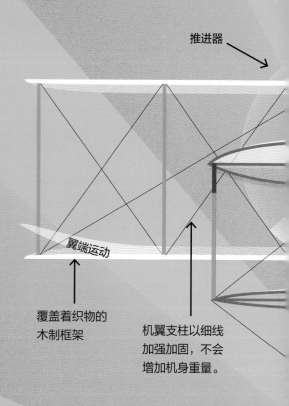

推进器

翼端运动

覆盖着织物的
木制框架

机翼支柱以细线
加强加固，不会
增加机身重量。

从两轮自行车到两翼飞机

威尔伯·莱特和奥维尔·莱特一生中大部分时间都在研究机械和工程，这是他们的兴趣所在。他们经营了一家自行车工厂和维修店，认为自行车的轮行和飞机的飞行有相似之处：

- 控制和平衡机器的能力；
- 坚固而轻便的骨架；
- 链轮推进系统；
- 降低风阻并利用空气动力学提升速度。

飞行者1号有一个汽油发动机，用以带动飞行器上的链轮系统。这个系统和自行车的链轮类似，连接着两个螺旋桨。

完全控制

飞行者1号成功的原因在于他们使用了极轻便的发动机，以及兄弟俩的飞行技巧。不同的飞行动作，比如俯仰、偏航和滚转，全都可以控制，从而使飞行更加平稳。

通过滑轮绳系统可以控制翻滚。这些绳子拉动机翼扭动，使得一侧机翼升力变大，另一侧机翼升力下降，从而让飞机倾斜翻滚。

翻滚

通过方向舵可以控制偏航。

偏航

俯仰

飞机内的升降舵可以上下移动，调节飞机机头处的升力大小，从而控制飞机俯仰。

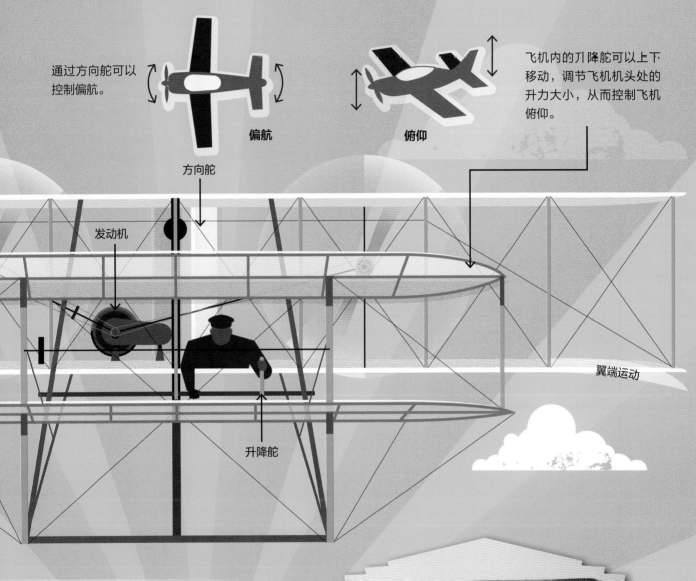

方向舵

发动机

翼端运动

升降舵

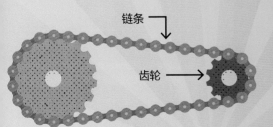

链条

齿轮

试飞那天，威尔伯失败了，是奥维尔创造了第一次动力飞行的纪录。

He-178喷气式试验机

He-178喷气式试验机是第一架喷气式飞机，于1939年8月27日首飞。这是一架测试飞机，只能飞行5分钟。之后飞机的发明者被迫停止研究涡轮喷气技术，因为几天后第二次世界大战就开始了，德国军方需要能长时间飞行的飞机。他们对He-178喷气式试验机不感兴趣。

飞机设计简介

建造世界上第一架实用型飞机，可以有效利用和控制喷气式发动机提供的动力。

工程师：恩斯特·海因克尔和汉斯·帕布斯特·冯·奥汉

位置：德国罗斯托克的瓦尔纳明德

起飞

飞机的发动机能带动飞机快速前行，发动机提供的这种力量叫推力。空气不停流动，穿过机翼下方，为飞机提供升力。当飞机的升力大于飞机本身的重力时，飞机就能够起飞了。

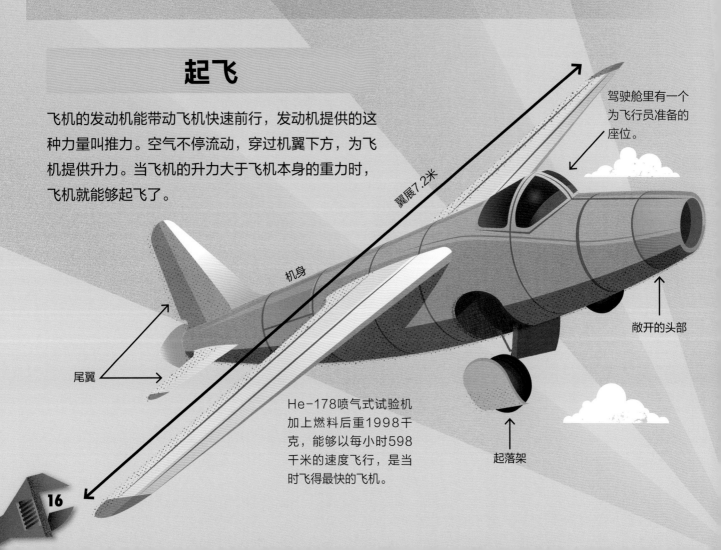

翼展7.2米

驾驶舱里有一个为飞行员准备的座位。

机身

尾翼

敞开的头部

起落架

He-178喷气式试验机加上燃料后重1998千克，能够以每小时598千米的速度飞行，是当时飞得最快的飞机。

设计特点

He-178喷气式试验机有一个符合空气动力学的金属机身，能最大限度地利于飞行。木质机翼安装在驾驶舱后面的机身顶部，末端弯曲。这架飞机的起落架是后三点式，机身尾部的下方装有一个尾轮。唯一的喷气式发动机隐藏在飞机中部，飞行员座位后方。飞机敞开的头部可以让空气进入，给喷气式发动机提供氧气，最后由尾部释放出高热的废气。虽然He-178喷气式试验机机身轻便，线条流畅，但它最多只持续飞行了10分钟，因为燃料消耗得太快了。

喷气式发动机运作原理

喷气式发动机于1930年由弗兰克·惠特尔发明。之后，它的设计原理几乎没有什么改变。

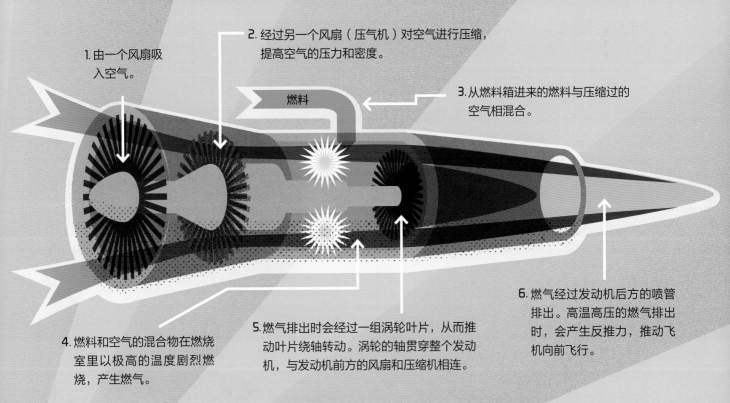

1. 由一个风扇吸入空气。

2. 经过另一个风扇（压气机）对空气进行压缩，提高空气的压力和密度。

燃料

3. 从燃料箱进来的燃料与压缩过的空气相混合。

4. 燃料和空气的混合物在燃烧室里以极高的温度剧烈燃烧，产生燃气。

5. 燃气排出时会经过一组涡轮叶片，从而推动叶片绕轴转动。涡轮的轴贯穿整个发动机，与发动机前方的风扇和压缩机相连。

6. 燃气经过发动机后方的喷管排出。高温高压的燃气排出时，会产生反推力，推动飞机向前飞行。

后续发展

He-178喷气式试验机的一些设计数据和原理用于飞机的后续发展，改进出了更好的飞行器。人们开始使用两个发动机，每个机翼下安置一个，这样就提高了飞机的动力和稳定性，并在机身里为燃料箱留下更多空间，这样就增加了飞行距离。机翼也被设计得更长，以提高飞机的可操作性、稳定性和可控性。

新干线（子弹头）火车

20世纪60年代，日本开始建设第一个高速电车（日语叫新干线）铁路网。现在新干线火车——也叫子弹头火车（因为火车外形像子弹，速度也很快）——在贯穿本州、九州及北海道的铁路网上来回运行。

火车设计简介

日本需要设计一种新型高速铁路网，代替老旧的窄轨系统，帮助商业发展。

首席工程师：长岛秀雄
（新干线0系火车的设计者）

位置：东京

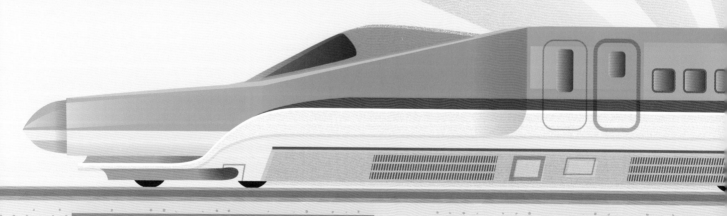

鸟喙

新干线500系车头的形状，模仿了翠鸟尖细的喙，这是一种流体力学设计。在同一速度下，500系运行阻力比300系降低了30%左右，同时也减少了噪声污染。

翠鸟

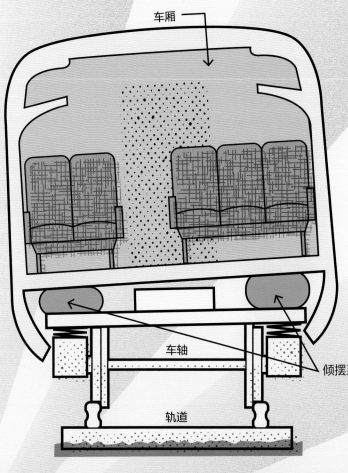

车厢

车轴

倾摆系统受电脑控制。

轨道

倾摆机制

一般情况下，火车在弯曲的路段必须降低速度，如果转弯时依然保持高速，很可能会脱离铁轨。为了解决这个问题，新干线500系火车使用了倾摆系统。当火车过曲线时，外侧车身抬高，顺着弯道方向倾斜，这样就不必减慢速度。同时也让乘客更为舒适，不会再因为突然转弯，掉落手里的饮料。

忙碌的车轴

新干线火车由车顶上的受电弓（电力机车从接触网受取电能的电气设备）和接触网（沿电气化铁路、城市交通电动车辆运行线路架设的特殊形式的供电线路）提供能量。每个单独的车轴加速和减速受电流控制。相对于由一个沉重的车头拉着全部车厢的传统火车，新干线则更为轻盈。新干线500系火车的时速最高可达到300千米（新干线300系火车的时速最高可达到270千米），轨道的磨损更轻，保养需求更少。

协和式飞机

1969年，协和式飞机飞上了天空，这是航空发展的一个里程碑。协和式飞机是第一架以超声速飞行的客机。超声速就是说，这架飞机的速度比声音的还要快。事实上，协和式飞机的飞行速度是声速的两倍，也就是说，你先看到它飞过，之后才听到它发出的声音。

飞机设计简介

这架飞机属于英法联合研发，是全球范围内为高速载客航线设计并建造的一架超声速飞行器。

工程师：詹姆斯·汉密尔顿爵士

位置：伦敦、巴黎及布里斯托尔那些建造它的地方

超声速发动机

协和式飞机使用了四个罗尔斯·罗伊斯公司的涡轮喷气式发动机，这是当时能找到的动力最强的发动机。它们的特点是可以进行"再加热"，比普通的喷气式发动机多了这样一个步骤。在一次燃烧产生的燃气中加入更多的燃料进行二次燃烧，产生的超高温燃气为飞机每小时400千米的起飞速度及后续飞行中达到每小时2160千米的超声速或者马赫数2（指速度为声速的两倍）提供了额外的动力。

无论是在英文里，还在法文中，飞机的名字"协和"，都是和谐一致的意思。

到达时间比起飞时间还早

协和式飞机以超声速飞行，意味着从伦敦到纽约，只需不到3.5个小时。因此，由于存在时差，你到达纽约的时间，还比你从伦敦出发的时间早1个多小时。

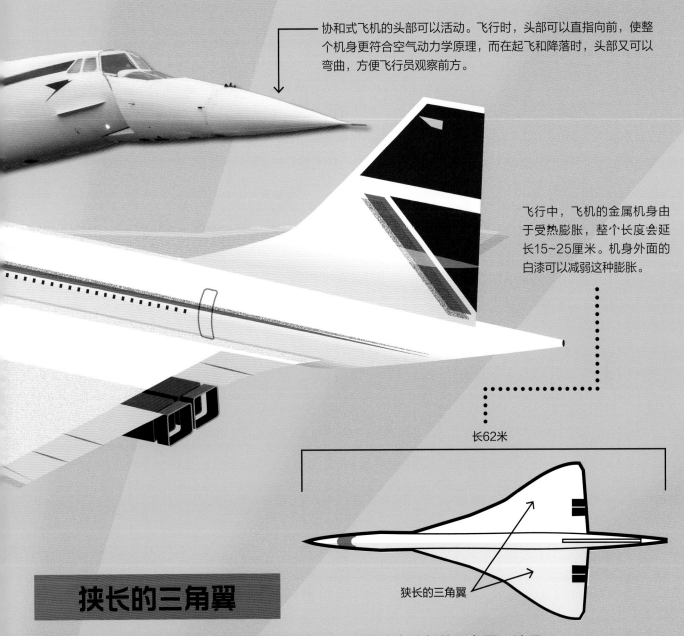

协和式飞机的头部可以活动。飞行时，头部可以直指向前，使整个机身更符合空气动力学原理，而在起飞和降落时，头部又可以弯曲，方便飞行员观察前方。

飞行中，飞机的金属机身由于受热膨胀，整个长度会延长15~25厘米。机身外面的白漆可以减弱这种膨胀。

长62米

狭长的三角翼

狭长的三角翼

与常规飞机不同，协和式飞机的机翼呈三角形，也被称为狭长的三角翼。这是一个很好的解决方案，一方面飞机拥有足够的翼展面积，可以在降落时减速飞行；另一方面机翼又足够薄，空气动力足以让飞机以超声速飞行。快速飞行的飞机机翼不需要很大，但需要足够薄，让飞机可以在空气里飞行，并保持上升力。升力是由于上方气流比下方气流速度更快产生的。

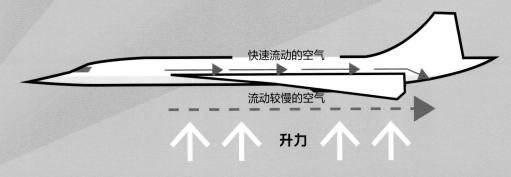

快速流动的空气

流动较慢的空气

升力

上海磁悬浮列车

上海磁悬浮列车线路采用磁悬浮技术，仅需8分钟就可以跑完30千米的线路，最高运行时速达到430千米，是世界上投入使用的火车中运行速度最快的。

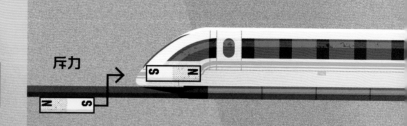

斥力

火车设计简介

设计并制造一辆高速列车，让人们从机场更快地到达市区。

承包商：西门子等
位置：中国上海

上海磁悬浮列车完成30千米的路途只需要8分钟。

磁悬浮工作原理

磁悬浮列车没有车轮，它使用磁悬浮技术，在轨道上产生一种电磁力。为了产生这种力，磁悬浮系统需要在轨道上安装电源和电磁铁，在列车内部和下方也要安装磁铁。轨道上的电磁力被激活时，会和列车下方的磁铁发生反应，两种磁力互相排斥，能把火车抬高8~12毫米，悬浮在轨道上方。

磁力

为了理解磁悬浮技术，有必要先了解一点磁铁知识。磁铁有两极，一个是S极，一个是N极。如果你把一个磁铁的N极和另一个磁铁的S极靠在一起，它们就会互相吸引，"黏"在一起。如果你把一个磁铁的N极和另一个磁铁的N极靠在一起，或者把两个S极靠在一起，它们就会互相排斥，推开对方。

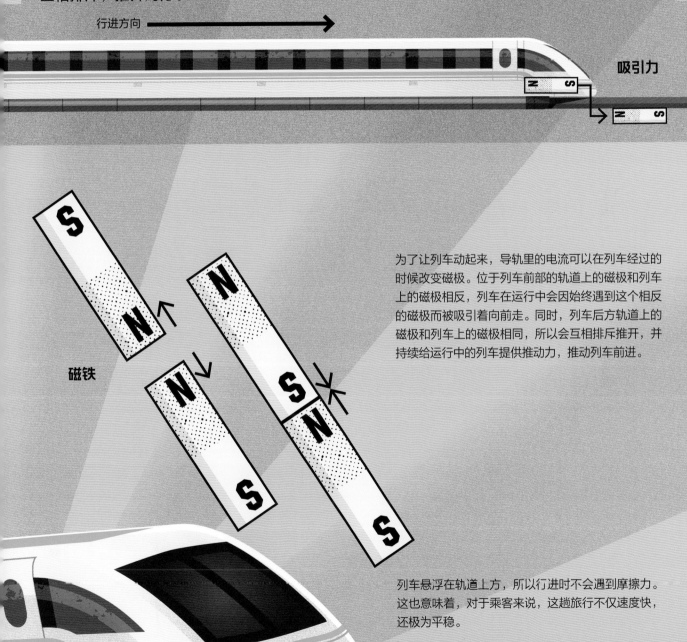

行进方向

吸引力

磁铁

为了让列车动起来，导轨里的电流可以在列车经过的时候改变磁极。位于列车前部的轨道上的磁极和列车上的磁极相反，列车在运行中会因始终遇到这个相反的磁极而被吸引着向前走。同时，列车后方轨道上的磁极和列车上的磁极相同，所以会互相排斥推开，并持续给运行中的列车提供推动力，推动列车前进。

列车悬浮在轨道上方，所以行进时不会遇到摩擦力。这也意味着，对于乘客来说，这趟旅行不仅速度快，还极为平稳。

空中客车A380

空中客车A380是目前在用的最大客机，两层最多能够载客853名。虽然它的身架很大，但它排出的人均废气很少，而且起飞时产生的噪声比很多小型飞机的还小。

飞机设计简介

建造一架能够运送大量乘客，并进行长途旅行的飞机，以降低每个座位每千米旅行的成本。

工程师：让·勒德

位置：法国图卢兹

为了运送空客A380的部件，特地开辟了专用交通路线。为了把西班牙、德国和英国工厂生产的大部件运送到图卢兹，还需要开拓专用的水上道路和公路。同时需要生产专用的驳船、轮船和货车。还有一些部件通过一架叫大白鲸的超级运输机运送前往。

排气发动机

空客A380这架天空巨头于2005年完成首飞。优良的设计，使它非常适合长途飞行。A380有四个涡轮风扇发动机，每边机翼各两个，给它提供起飞所需的升力。其中两个发动机配备了反推力装置，在飞机着陆时帮助飞机减速，并停下来。

这架飞机的发动机可以只以煤油为燃料，也可以使用煤油和天然气的混合燃料，这也意味着飞机的排放物更清洁。

翼尖小翼

由于机场限制，飞机的翼展不能超过80米。为了补足有效翼展，空客A380在翼端安装了小翼，就是装在飞机机翼末端垂直向上和向下翻转的部分。这样的机翼可以产生更多的升力，减少飞机受到的阻力（与飞行方向相反的力）。这个方法不用实际增加机翼的长度，但却可以得到长机翼的好处。

宽阔的机内空间，可以放下更多座位，也可以少放点座位，多开设一些休闲空间。部分空客A380飞机带有酒吧区、床和淋浴间！

小翼

翼展80米

造型材料

空客A380身躯庞大，因此选用轻便而又非常坚固的材料就显得尤为重要。
机身使用的材料是铝合金（铝和其他金属混合制成）和复合型塑料。
机身上面部分使用了一种GLARE®的复合材料（一种短玻璃纤维增强铝合金）制成。这种材料，比铝合金更为轻便，也更为坚固，而且很容易被塑造成符合空气动力学的形状。

美国福特号航空母舰
（舷号CVN-78）

航空母舰可以说是现象级的交通工具，能在水上航行，而且舰上的飞机可以在甲板上起飞。也因此航母体形巨大，有些航母大到可以运载并弹射多达80架飞机。2013年下水的美国新型航母福特号就是一艘超级航母，运用了最先进的电学、计算机、雷达和电磁学技术。

设计简介

设计并建造一艘新型航母，可以一直在海上持续航行数月，为美国海军提供海上和空中助力，同时减少航母上的工作人员，并改善航母上的生活条件。

建造商：纽波特纽斯造船厂

位置：美国弗吉尼亚（母港）的诺福克海军基地

航母上的雷达系统可以扫描不同波段的信息，并将所有读数汇集在一个显示屏上。通过雷达可以追踪小而快的物体，而且因为雷达属于固定装置，保养起来也更方便。

先进的计算机技术使得指挥中心，也被称为舰岛，比之前航母上的都更小。而且这个指挥中心更靠近航母尾部，位置也高一些。这样可以留出更多的空间给飞行甲板，使得飞机的弹射和降落也更为迅捷。

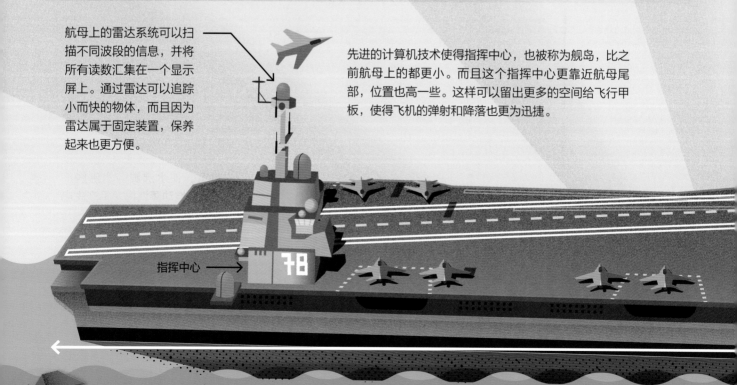

指挥中心 →

78

电磁弹射器

航空母舰上空间有限，飞机不能像在陆地上一样助跑起飞，所以需要特别的弹射器。飞机的跑道上有一个内置的轨道，在电磁力的驱动下运行，其工作原理类似磁悬浮列车的。飞机由前轮上的拖杆系统固定在这样的轨道上。当飞机准备好起飞时，发动机点火，轨道以最高速度带着飞机运动，并在跑道尽头弹射飞机。

快速降落

当飞机降落到航母上时，它的尾钩就会钩住甲板上的拦阻索，快速停下。飞机的动力（运动的力量）会转移到钢索上，并被钢索吸收。一架准备降落的飞机时速可能达到200多千米，但能在两秒钟内停下。

飞机下方的尾钩抓住了甲板上的拦阻索，可以快速停下。

能量激增

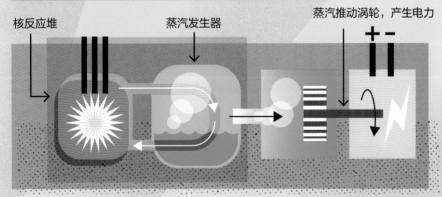

核反应堆　　　蒸汽发生器　　　蒸汽推动涡轮，产生电力

航母需要大量的电力。为了产生足够的电力，福特号航母配备了两个A1B核反应堆，从一种叫铀的化学元素中获得能量。

铀原子核分裂，引发反应堆进行反应，这个过程叫核裂变。裂变可以释放热量，使水沸腾。水沸腾产生的蒸汽，推动蒸汽涡轮机产生电力。这些反应堆比之前舰母的型号要小，组成部件也少一些，需要的维护也没那么多，但产生的电量是之前舰母的三倍。

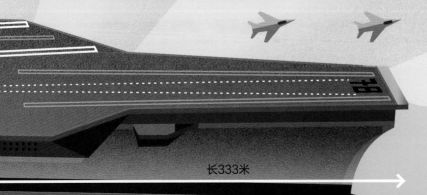

长333米

趣味实录

火车、飞机和轮船都在不断发展中，而且变得越来越先进。以下是来自世界各地的优秀工程师以及了不起的交通工具的更多信息。

维多利亚·德拉蒙德，是英国第一位女性海洋工程师。第二次世界大战期间，她在船上工作，这需要很大的勇气，她也因此受到了赞扬。战后，她成为一名造船工程师。

励志工程师

女性工程师也有很多。以下是三位女性先驱在飞机、火车和轮船方面所取得的成就。

埃尔茜·麦吉尔，是加拿大的一位航空工程师。第二次世界大战期间，她监管了大量霍克飓风战斗机的生产。她也被称为飓风女王。

奥利芙·丹尼斯，是20世纪20年代的一位美国铁路工程师。她的工作任务是让旅途更舒适和富有吸引力。她对火车进行了一些改进，包括顶灯、空调隔间和可调靠背椅。这些舒适的设计，已经被全世界的航空和铁路公司采用。

迄今为止，**最长的火车**是澳大利亚的一列货运火车。这辆火车有8个车头，拉着682节载着铁矿石的车厢。整辆货车长达7.4千米！2001年，它从纽曼跑了275千米，到达黑德兰港。

太阳能

工程师们正在寻找新的方法，给交通工具提供化石燃料之外的其他能源。太阳能的潜力很大。太阳能电池板可以收集太阳能，并将之转换成电能。它们吸收阳光里的光子，发射出电子，电子汇成电流，存储在电池板里。

2016年7月26号，**阳光动力2号太阳能飞机**在阿联酋阿布扎比机场着陆，完成了世界上第一架完全由太阳能驱动的飞机的环球航行。它花了16个月完成这趟全程4.2万千米的不可思议的旅程。

全球最大的太阳能船是**图兰星球太阳号**。这是一艘科研船，用来调查研究全球气候变化情况。船顶上的809块太阳能板，能够提供整艘船所需的全部电量。

伦敦的**黑修士桥**是全世界最大的太阳能桥。桥上的火车站有50%的能源来自太阳能。我们应该很快就能看到太阳能火车了。

世界上**最大的船**是前奏号浮动船。这艘巨轮长达488米，于2013年制成。前奏号浮动船可以驶进天然气田，勘探并开采天然气，再把天然气转变成液体，带回陆地，当作燃料使用。这艘船的外文名字（Prelude FLNG）后半部分的意思就是漂浮的液化天然气。

SR-71侦察机首飞于1964年，是目前为止**最快的喷气式飞机**。它的绰号是黑鸟，能以每小时3530千米的速度，在距地面26千米的高空飞行。SR-71侦察机飞得又高又快，因此在侦察时很难被敌人抓住。

词汇表

电磁铁
由线圈和铁芯组成，通电时将电能变为电磁能来驱动、牵引其他物体的电器。

动力
推动交通工具前行的力量。

钢铁
由铁、碳及其他化学元素组成的坚固金属。

滑轮
周边有槽可绕中心轴转动的轮子，周围有绳子绕着，通过拉绳子，可以更轻易地提起重物。

化石燃料
包括煤、天然气和石油等在内的天然能源，主要指由古生物遗体形成的不可再生能源。

货运
由轮船、卡车、火车或飞机运送大批东西（食物、汽车、原材料等）。

空气动力学
主要研究空气运动以及空气与物体相对运动时相互作用的规律，特别是飞行器在大气中飞行原理的学科。

蓝图
一种复制图。由底图晒印而成。一般为蓝底白线或白底紫线。供工程设计施工或编绘地图等用。

雷达
一种探测系统，通过发射并反弹回的电磁波，探测周围飞行器、船只及其他物体的位置、方向、距离和速度。

链轮系统
自行车上常见的一种机械系统，包括车链和
带动链子的齿轮。

铝
一种轻巧且硬度较差的金属。

摩擦力
相互接触的两物体在接触面上发生的阻碍相
对滑动或相对滑动趋势的力。

炮口
船侧面的小洞，可以用来开炮。

升降舵
飞机或潜艇上用以操纵俯仰运动的舵面，可
绕水平轴转动，使机（艇）身发生俯仰，或
保持其纵向平衡。

升力
纵向作用于物体上的空气动力合力，为垂直
于相对气流方向的向上的力。

水线
表示船在正浮情况下水面位置的线。

引航员
熟悉港内航道、江河航道并具有驾驶经验，
引领船只进出港口的人。

铀
一种具有放射性的化学元素。

重心
物体各部分所受重力的合力的作用点。

阻力
所有物体在空气和水中前进时都会遇到的反
向作用力。

索引

物理超厉害

航天器

中的物理

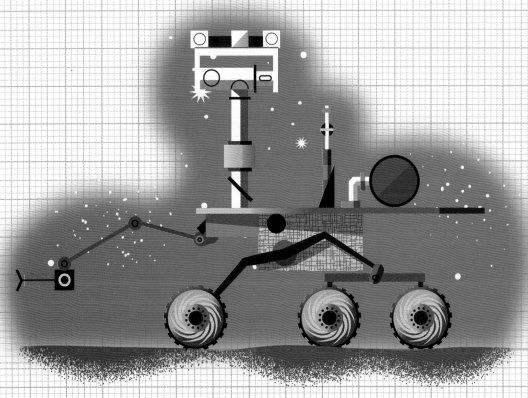

[英]萨利·斯普雷 / 著 [英]马克·拉夫勒 / 绘

马雪云 / 译

中信出版集团 | 北京

图书在版编目（CIP）数据

航天器中的物理 /（英）萨利·斯普雷著；（英）马
克·拉夫勒绘；马雪云译. -- 北京：中信出版社，
2021.6（2024.5重印）
（物理超厉害）
书名原文：Awesome Engineering Spacecrafts
ISBN 978-7-5217-1991-8

Ⅰ.①航… Ⅱ.①萨…②马…③马… Ⅲ.①物理学
－少儿读物 Ⅳ.①O4-49

中国版本图书馆CIP数据核字(2020)第110036号

Awesome Engineering Spacecrafts
First published in Great Britain in 2017 by The Watts Publishing Group
Copyright © The Watts Publishing Group, 2017
Simplified Chinese Character rights arranged through CA-LINK International LLC (www.ca-link.com)
Simplified Chinese translation copyright © 2021 by CITIC Press Corporation
ALL RIGHTS RESERVED
本书仅限中国大陆地区发行销售

航天器中的物理
（物理超厉害）

著　者：[英]萨利·斯普雷
绘　者：[英]马克·拉夫勒
译　者：马雪云
出版发行：中信出版集团股份有限公司
　　　　　（北京市朝阳区东三环北路27号嘉铭中心　邮编　100020）
承 印 者：北京联兴盛业印刷股份有限公司

开　本：889mm×1194mm　1/16　　印　张：12　　字　数：300千字
版　次：2021年6月第1版　　　印　次：2024年5月第3次印刷
京权图字：01-2020-1266
书　号：ISBN 978-7-5217-1991-8
定　价：129.00元（全6册）

出　品：中信儿童书店
图书策划：如果童书
策划编辑：张文佳　　　责任编辑：温慧　　　营销编辑：张远
封面设计：姜婷　　　内文排版：王莹　　　审　定：姜军

目录

3, 2, 1, 发射

几百年来，人们一直梦想着去太空旅行。但直到最近80年，人们凭借科学技术才足以制造出能进入太空的航天器，探索银河系和更远的地方。

航天器

任何在地球大气圈以外宇宙空间运行的飞行器都可以叫航天器。包括从地球上方向我们发送信息的通信卫星，也包括载人飞行器和可供宇航员居住的空间站。

飞行器的要素如下：能源、发动机、用来改变方向的推进器、计算机，以及用于从地球收发信息的天线。

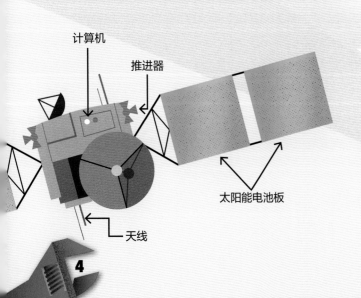

计算机

推进器

太阳能电池板

天线

飞行器发展时间线

苏联发射第一颗人造卫星进入太空（参见6~7页）。

土星5号火箭把尼尔·阿姆斯特朗和巴兹·奥尔德林送进了太空执行任务（参见10~11页），让他们成为最早登上月球并在月球上行走的人。

旅行者1号和2号进入太空，它们是目前为止飞得最远的航天器（参见14~15页）。

国际空间站正式建立。2000年，美国和俄罗斯的宇航员开始住在空间站（参见22~23页）。

著名的威尔金森微波各向异性探测卫星发射进入太空，它的任务是扫描宇宙，找出宇宙是何时及怎样诞生的。

勇气号和机遇号火星车抵达火星，探索这颗离地球较近的行星（参见26~27页）。

1957
1958
1961
1962
1969
1971
1977
1981
1990
1998
2001
2003
2004
2035

航天局

航天局是由政府资助的机构，汇集了一些最聪明、最优秀的人来设计，并完成太空任务。如今，全球超过70个国家设有航天局，其中最有名的当数美国国家航空和宇航局（NASA）。

各个国家的航天局经常合作，分享专业知识和信息。1997年执行的"卡西尼－惠更斯"计划，共有来自17个国家的260名科学家参与，另外还有数千名其他专家参与了该计划的设计、工程建设、飞行和数据收集工作。

轨道

轨道，指太空中一个物体绕其他物体重复运转的路径。太空中绕行星做周期性运转的物体，被称为卫星。卫星可以是天然的，也可以是人造的。卫星的轨道形成受引力影响。引力吸引物体互相靠近，是物体间不可忽视的作用力。

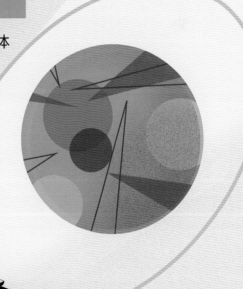

地球引力通过将卫星拉向地球而使卫星保持在轨道上。不过因为卫星运行速度很快，所以并不会掉落在地球上，而是绕着地球形成一个椭圆形的轨道。事实上，地球的卫星会不断地绕着地球转，直到它们速度减慢到地球引力能够将其拉向地球。

人造地球卫星1号

第一个围绕地球运行的航天器是一颗小小的银色卫星，叫人造地球卫星1号，又称为斯普特尼克1号。1957年，这颗卫星绕地球运行了3个多月，并发出一种"哔哔"的信号。

人造地球卫星1号外形是像行星一样的球体，直径大约有58厘米。

航天器设计简介

设计并建造一个绕地球运行的卫星。这颗卫星的功能没那么重要，最重要的是，要成为第一颗飞进太空的卫星。

工程师：谢尔盖·科罗廖夫

首席建造师：米哈伊尔·S.霍米亚科夫

"哔哔"的信号

从卫星主体伸出4根天线。

这架微型航天器及其无线电发射台所需的能源，来自3个银锌电池。

卫星的外壳由抛光的铝合金制成，因此能够反射太阳光，让地球上的人看到。

太空竞赛

1957年8月，美国宣布即将向太空发射第一颗卫星。苏联希望成为第一个探索太空的国家，并一直在准备发射一颗重而大的卫星。然而，为了抢得先机，他们快速制造了一颗小巧轻便的卫星，就是人造地球卫星1号，并在10月4号成功发射，比美国的第一颗人造卫星探险者1号早了4个月。

发射航天器

为了使人造地球卫星1号进入轨道，需要使用一枚名为卫星号的巨大火箭。火箭发动机消耗大量的燃料和氧气，并通过尾部排出高压废气，推动火箭离开地面，冲进太空。这个过程很像给气球放气。

火箭要摆脱地心引力，时速需要达到40320千米。

整流罩

卫星号运载火箭在离地面220千米左右时，整流罩会爆开，人造地球卫星1号从里面弹出来，开始下一段飞行。

← 火箭核心

发动机

卫星号运载火箭的核心有一个专用的发动机，在火箭周身另有4个助推发动机。

卫星号

助推发动机 →

高30米

人造地球卫星1号的旅程

人造地球卫星1号绕地球飞行了92天，直到电池的电量耗尽。虽然这次旅程的发现和所做的测试都很有限，但却很重要。

• 这次任务说明航天器可以飞出大气层，并能在轨道上运行。

• 科学家从中了解到无线电波发回地球的方法。

• 科学家可以在卫星穿越大气层的时候，测量出大气层的厚度。

人造地球卫星1号以时速2.9万千米的速度，绕地球飞行了1440圈。每绕地球一圈需要约98分钟。电池没电后，它失去了动力，被地球引力拉回地球，坠落过程中，在大气层中燃烧殆尽。

东方1号

第一个进入太空的人是尤里·加加林。他于1961年4月12号乘坐东方号运载火箭离开地球。进入太空后，从运载火箭里释放出来的东方1号飞船用了108分钟，完成了绕地球飞行一周的历史性任务，然后返回地球。东方1号飞船的轨道距离地球最远为327千米。

航天器设计简介

发射第一艘载人宇宙飞船，让它绕地球飞行一周，并安全返回地球。

航天计划：苏联东方计划

东方号运载火箭

东方号运载火箭在设计上类似运送人造地球卫星1号使用的卫星号运载火箭。为把尤里·加加林和东方1号飞船送进太空，整个过程分为3个壮观的阶段。

阶段 **1**

第一阶段：
4台助推器两分钟后烧尽燃料，之后坠落。

第二阶段：
核心发动机坠落前燃烧约300秒。

东方1号

第三阶段：
火箭剩余部分以每分钟8000米的速度继续飞行。发射10分钟后，将东方1号飞船送进轨道。

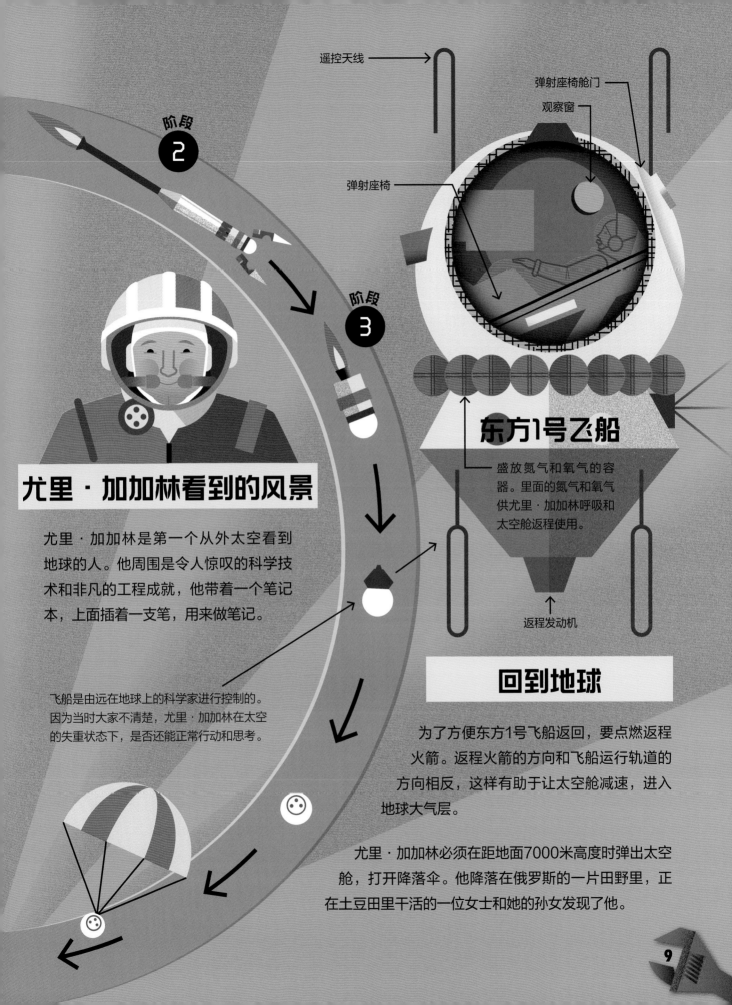

弹射座椅舱门

观察窗

阶段
2

弹射座椅

阶段
3

东方1号飞船

盛放氮气和氧气的容器。里面的氮气和氧气供尤里·加加林呼吸和太空舱返程使用。

返程发动机

尤里·加加林看到的风景

尤里·加加林是第一个从外太空看到地球的人。他周围是令人惊叹的科学技术和非凡的工程成就，他带着一个笔记本，上面插着一支笔，用来做笔记。

飞船是由远在地球上的科学家进行控制的。因为当时大家不清楚，尤里·加加林在太空的失重状态下，是否还能正常行动和思考。

回到地球

为了方便东方1号飞船返回，要点燃返程火箭。返程火箭的方向和飞船运行轨道的方向相反，这样有助于让太空舱减速，进入地球大气层。

尤里·加加林必须在距地面7000米高度时弹出太空舱，打开降落伞。他降落在俄罗斯的一片田野里，正在土豆田里干活的一位女士和她的孙女发现了他。

9

土星5号

1969年发射的阿波罗11号，任务是把人送到月球上。当时使用了土星5号运载火箭，把宇航员送入太空，登上月球，然后安全返回地球。

航天器设计简介

设计并建造能将人送上月球并安全带回地球的航天器。

航天局：美国国家航空和宇航局

土星5号首席工程师：韦恩赫尔·冯·布劳恩

土星5号运载火箭

阿波罗11号登月任务的成功，土星5号运载火箭功不可没。土星5号是当时有史以来最高、最重的火箭，它分为三级。

一级火箭有5台F-1发动机，共同使用一个液体燃料燃烧室。这是有史以来力量最强大的发动机。燃料烧光后，发动机坠落，二级火箭开始工作。

二级火箭有5台J-2火箭发动机。发动机以液氢和液氧为燃料。这些燃料非常适合太空的寒冷环境，因为这种环境既能使燃料继续保持液态，又不会把燃料冰冻起来。

三级火箭只有1台J-2发动机，燃烧一次，把阿波罗11号送入近地轨道然后停止。等到地球、月球和阿波罗11号飞船各就各位后，这个发动机会再次燃烧，把指令舱和登月舱送上月球。

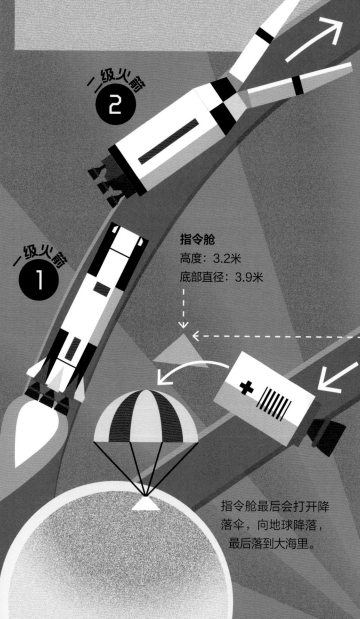

二级火箭

一级火箭

指令舱
高度：3.2米
底部直径：3.9米

指令舱最后会打开降落伞，向地球降落，最后落到大海里。

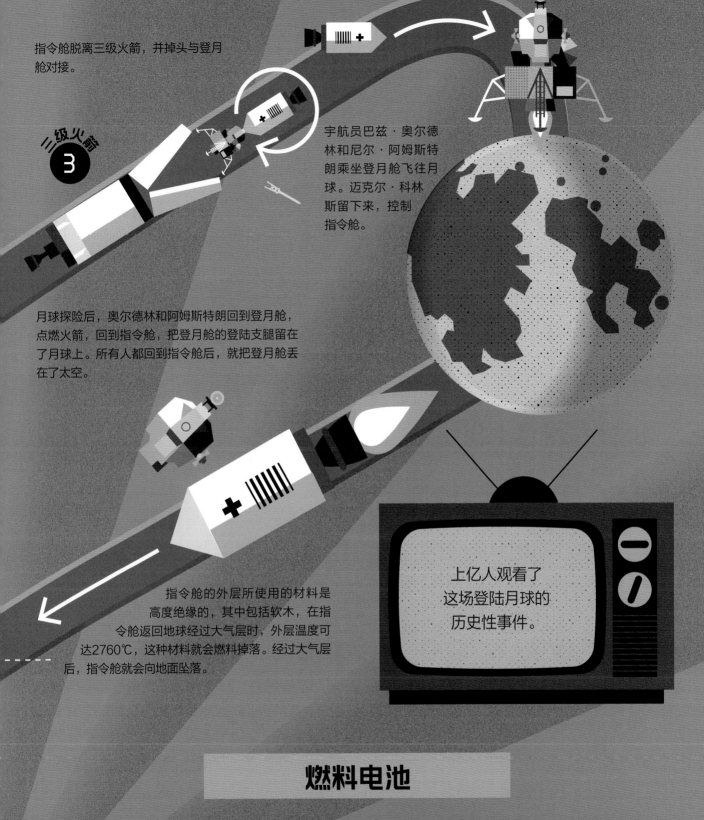

指令舱脱离三级火箭，并掉头与登月舱对接。

三级火箭
3

宇航员巴兹·奥尔德林和尼尔·阿姆斯特朗乘坐登月舱飞往月球。迈克尔·科林斯留下来，控制指令舱。

月球探险后，奥尔德林和阿姆斯特朗回到登月舱，点燃火箭，回到指令舱，把登月舱的登陆支腿留在了月球上。所有人都回到指令舱后，就把登月舱丢在了太空。

指令舱的外层所使用的材料是高度绝缘的，其中包括软木，在指令舱返回地球经过大气层时，外层温度可达2760℃，这种材料就会燃料掉落。经过大气层后，指令舱就会向地面坠落。

上亿人观看了这场登陆月球的历史性事件。

燃料电池

航天器需要的电力来自氢氧电池。氢气和氧气在电池里混合时，会产生可以转化成电能的能量。这个方法中聪明的地方是，氢氧混合还会产生水，可以供给宇航员在旅程中饮用。

月球车

1971年到1972年的阿波罗登月任务中，有3个配备了月球车。便于携带的月球车，可以让宇航员登陆月球后，去探索更广大的区域。

航天器设计简介

设计并建造一个可以在月球上行驶的车。这个车必须足够坚固，能够在月球地面行驶。

航天局：美国国家航空和宇航局

遗弃位置：有3个阿波罗月球车留在了月球上

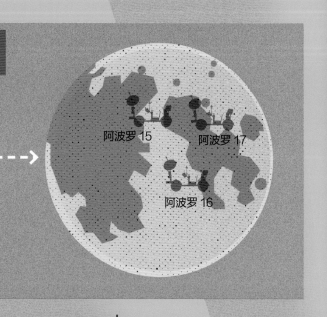

阿波罗 15

阿波罗 17

阿波罗 16

"偷渡者"

将月球车运往月球的方法很有启发性——月球车隐藏在登月舱的舱壁里。登陆后，再从舱里弹出来，准备出发。

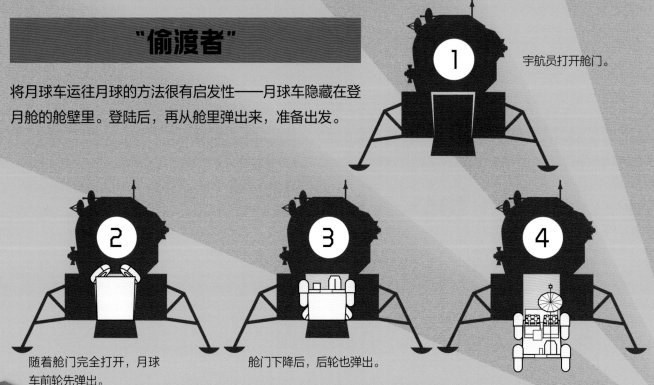

1 宇航员打开舱门。

2 随着舱门完全打开，月球车前轮先弹出。

3 舱门下降后，后轮也弹出。

4 宇航员把整个月球车拉出登月舱。

最长的月球车旅程

月球车不能离开登陆地太远，万一在路上坏了，宇航员就只能徒步走回登陆地。

月球车	最长单程
阿波罗15	12.47千米
阿波罗16	11.59千米
阿波罗17	20.12千米

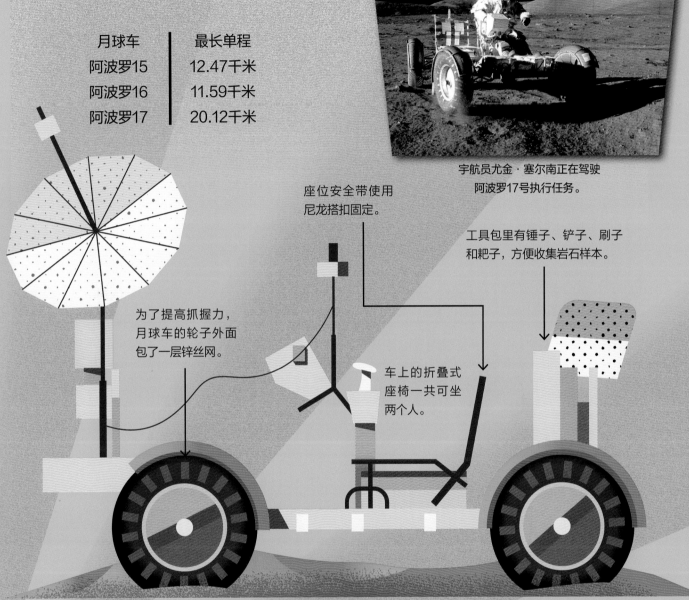

宇航员尤金·塞尔南正在驾驶阿波罗17号执行任务。

座位安全带使用尼龙搭扣固定。

工具包里有锤子、铲子、刷子和耙子，方便收集岩石样本。

为了提高抓握力，月球车的轮子外面包了一层锌丝网。

车上的折叠式座椅一共可坐两个人。

四个轮子都有单独的电机。

坚固的月球车

月球表面坑洼不平、灰尘遍布，要想在这样的地面行走，月球车必须足够坚固，同时又要足够轻便，否则指令舱无法携带。车的主要框架由铝合金管制成，有的仅重204千克。车的外壳要能够承受太空里从−100℃到120℃变化的极端温度。

旅行者1号和2号

旅行者1号和2号探测器都由大力神号运载火箭发射，前后相差不过十几天。1977年，它们出发执行任务，比其他任何航天器都飞得远，一直飞到太阳系的边缘，甚至更远。到目前为止，它们已经探索太空40多年了，还都运转良好。

航天器设计简介

建造能够深入太空的航天器，能够搜集太阳系主要行星的信息，之后继续远行，探索太阳系的边缘和更远的地方。

项目专家：埃德·斯通

航天局：美国国家航空和宇航局

"双胞胎"旅行者

旅行者1号和2号基本一样。它们的天线都一直指向地球，以便传回新发现的信息。它们测量并收集各种数据，比如：
- 太阳风的速度；
- 用磁强计测量磁场；
- 用宇宙线探测器收集宇宙射线数据。

旅行者1号和2号都有存储空间，不过很小，就连普通手机的存储空间都比它们的大24万倍还多。它们功率也很微弱，大约相当于冰箱里照明灯泡的功率。

2017年，旅行者1号距离太阳有206亿千米，旅行者2号距离太阳170亿千米。旅行者发出的信号，到达地球大约需要13个小时。

主要任务

旅行者1号和2号按照任务配置，分别飞过太阳系里不同的行星和卫星。

旅行者1号取得的成就：

- 飞越木星及其卫星，发现了木卫一上的火山。
- 飞越土星及其卫星，发回卫星表面冰冻的照片，证明银河系里其他地方也有水。
- 拍摄了第一张地球和月球的合照。

旅行者2号取得的成就：

- 飞越土星和木星及它们的卫星。
- 发回了天王星和海王星的第一张近距离照片。
- 发现了天王星周围有光环，还新发现了天王星的10颗卫星。
- 发现海王星有4个光环，及海王星的5颗卫星。

它们的下一个目标是继续深入太空，执行旅行者星际任务。它们会经过太阳风影响的区域，也就是日球层，穿过日球层顶后，进入星际空间。

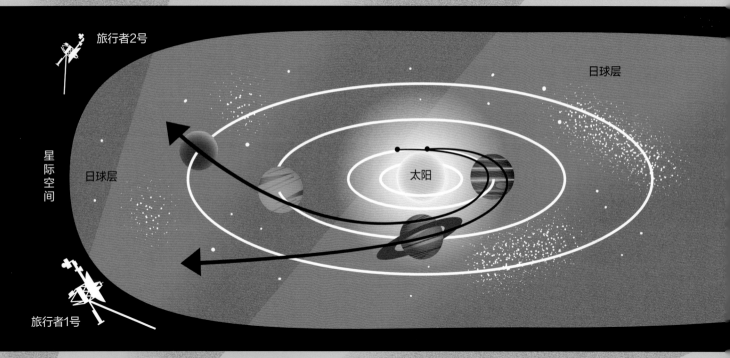

能量来源

旅行者号虽然比任何航天器飞行的时间都长，但却几乎没有携带什么动力能源。它们的动力由3个放射性同位素热电机提供。这需要热电偶——由放射性金属钚加热两种不同的金属丝，利用温差效应所制成的一种电子元件。这两种金属丝由于受热温度不同，在金属丝上产生电压，并转变成电能。预计这种能源能持续产能到2025年。之后，旅行者号会继续沿着它们的轨迹向宇宙的深处飞行。

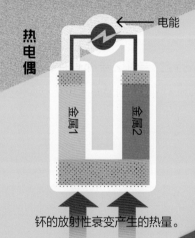

钚的放射性衰变产生的热量。

航天飞机

第一架航天飞机发射于1981年，这是一次科技创新的大事件。航天飞机不仅可以重复使用，还能像火箭一样起飞，像飞机一样着陆！航天飞机是第一种环绕地球飞行的有翼航天器。

航天器设计简介

建造一个可重复使用的航天器，以完成未来的太空任务以及空间站的建设任务。

航天局：美国国家航空和宇航局

起飞

亮橙色的外储箱给航天飞机的主要发动机提供燃料。捆绑在旁边的那些固体火箭助推器提供额外推力。在此系统中，航天飞机亦称为轨道器。点燃固体火箭助推器推动航天飞机升空，升空到距地面约45千米后，固体火箭助推器会和航天飞机分离，助推器借助降落伞降落到地面，被回收使用。而几乎空掉的燃料箱分离后，会沿着预先设计好的路线降落，其中大部分在穿过大气层时解体，其他部分掉入大海。

轨道器进入太空需要约8.5分钟。抵达太空后，它会启动自身的发动机。

这个硕大的外储箱以前都是涂成白色的，但是这样会增加额外的重量。因此，人们决定不涂了，就让它保持原来的颜色——亮橙色。

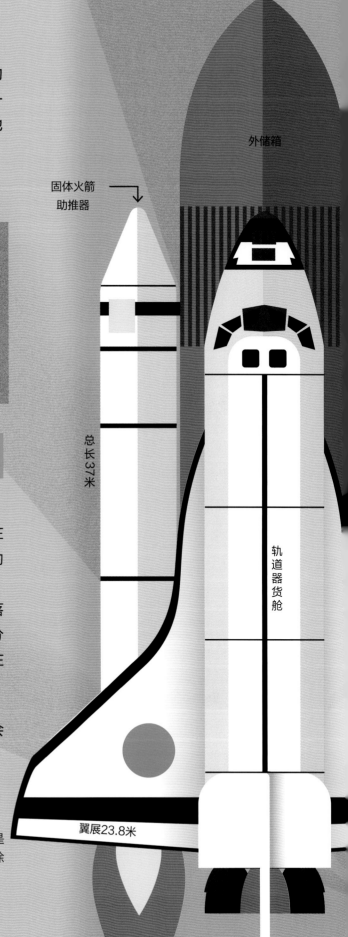

外储箱

固体火箭
助推器

总长37米

轨道器货舱

翼展23.8米

加拿大机械臂

航天飞机的机器手臂系统也叫加拿大机械臂。机械臂长达15米，有6个关节来模仿人类手臂的动作。机械臂从轨道器的货舱伸出去，受计算机控制，曾用来在太空提拉、抓握卫星，甚至可以敲掉轨道器外面的冰。

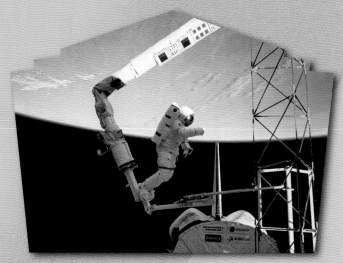

正在工作的机械臂

环形着陆

轨道器返航时，必须在其距离降落地点一半路程的时候开始准备降落。这是因为轨道器需要这么长的距离来减慢速度。降落过程中，轨道器会翻转过来，倒立飞行，同时点燃返程火箭以减速。轨道器在空中翻转，向上倾斜40度角穿过大气层。最后，轨道器降落在跑道上，打开降落伞，直至停下。

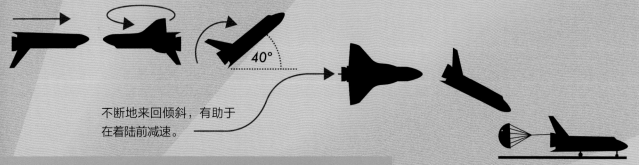

40°

不断地来回倾斜，有助于在着陆前减速。

可以活动的发动机喷管

航天飞机有3个燃气喷管，可以排出燃烧产生的气体，正是这些燃气推动它前行。喷管可以活动，也就是说航天飞机可以通过调节喷管的方向来改变飞行方向。这些喷管装有万向支架，这种万向支架有一根固定的轴，并且还有若干围绕轴旋转的环。当助推器在移动或摇摆时，航天飞机可以实现发动机可控制动。

固定轴

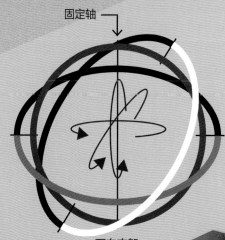

万向支架

哈勃空间望远镜

1990年，哈勃空间望远镜乘坐发现号航天飞机升空。它在离地球大气层537千米的轨道上以时速27350千米的惊人速度运行。哈勃空间望远镜传回了大量的太空照片，丰富了我们对太空的看法。

航天器设计简介

设计一个可以在太空工作的望远镜，要配备不受光线和天气影响的超强镜片，用来记录图像。

航天局：美国国家航空和宇航局

卡塞格林式反射望远镜

哈勃空间望远镜使用的是卡塞格林式反射望远镜，内部有两面镜子，一面是凸面镜，一面是凹面镜。这些镜子能够反射和强化看到的东西，并将信息传到一台计算机上。凹面镜上的玻璃必须抛光两年后，才能加上铝制镜底，做成镜子。

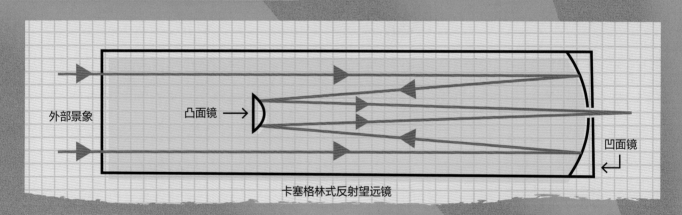

外部景象　　凸面镜 →　　　　凹面镜 ←

卡塞格林式反射望远镜

数据传送

哈勃空间望远镜收到的信息，经过一个复杂的路径传回地球。这些信息首先从哈勃计算机通过其发射器传送到一个太空卫星。在美国新墨西哥州的地面上，一个巨大的形如盘子的接收器不停转动，追踪这个卫星，接收其信息。信息再从这里传到美国华盛顿附近的戈达德太空飞行中心，最后到达位于美国马里兰州巴尔的摩的空间望远镜研究所的哈勃空间望远镜总部，这里的专家会对信息进行储存和分析。

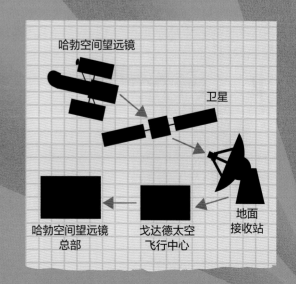

哈勃空间望远镜

卫星

哈勃空间望远镜总部　　戈达德太空飞行中心　　地面接收站

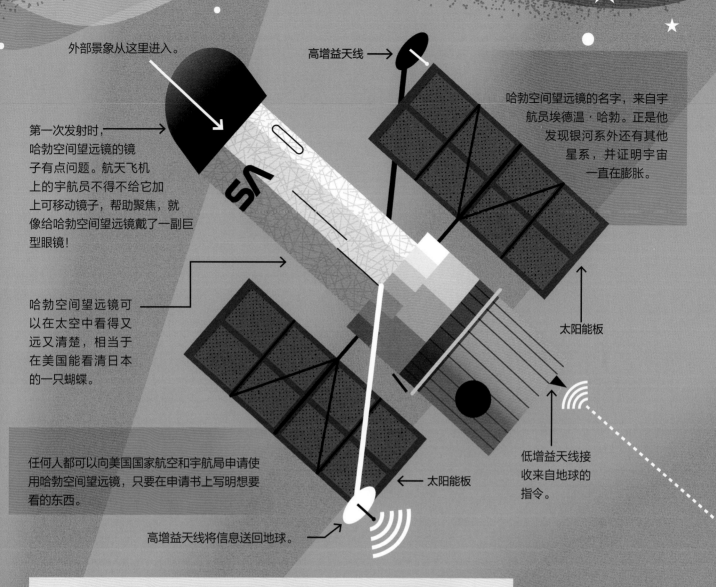

外部景象从这里进入。

高增益天线 →

第一次发射时，哈勃空间望远镜的镜子有点问题。航天飞机上的宇航员不得不给它加上可移动镜子，帮助聚焦，就像给哈勃空间望远镜戴了一副巨型眼镜！

哈勃空间望远镜的名字，来自宇航员埃德温·哈勃。正是他发现银河系外还有其他星系，并证明宇宙一直在膨胀。

哈勃空间望远镜可以在太空中看得又远又清楚，相当于在美国能看清日本的一只蝴蝶。

太阳能板

任何人都可以向美国国家航空和宇航局申请使用哈勃空间望远镜，只要在申请书上写明想要看的东西。

低增益天线接收来自地球的指令。

高增益天线将信息送回地球。

← 太阳能板

哈勃空间望远镜拍到的壮观景象

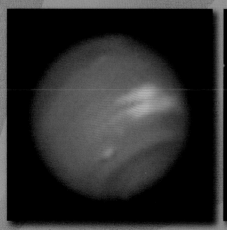

海王星的一张快照，展示了光旋涡云和暗旋涡云。

葫芦星云里的一颗死亡的恒星。

在船底座星云里，恒星生成时形成的气体和尘埃柱。

罗塞塔号彗星探测器

罗塞塔号彗星探测器发射于2004年，用来追踪并研究67P/丘留莫夫-格拉西缅科彗星。这是一个长达10年的任务，罗塞塔号彗星探测器只是其中一部分。这个探测器的任务是寻找彗星和其他行星上的生命。

航天器设计简介

设计并建造一架航天器，可以跨越数百万千米，锁定并研究某颗彗星，利用随身携带的小型着陆器，降落在这颗移动的彗星上。

航天局：欧洲空间局

太阳能板

轨道历险记

罗塞塔号彗星探测器是一个小型的铝盒结构，机翼上覆盖着太阳能板，为它提供能量。为了追上它要找的彗星，这个微小的航天器在一个复杂的轨道上运行了10年，来获得速度。它必须绕太阳3圈，依靠地球和火星引力获得速度，才能飞到一个更大的轨道上。

罗塞塔号彗星探测器

彗星

太阳

火星

地球

1 2 3

为了追上67P/丘留莫夫-格拉西缅科彗星，罗塞塔号彗星探测器以时速5.5万千米的速度飞行，并拍下该彗星表面的壮观景象。

实验

罗塞塔号彗星探测器菲莱登陆器，进行了11项不同的实验，包括分析温度、大气层和引力以及收集尘埃和气体。罗塞塔号彗星探测器发现了氧气、氮气以及甘氨酸——一种有机化合物，是组成生命的基础分子，可能会给行星带去生命。

实验仪器内置在罗塞塔号彗星探测器顶部，因此可以从快速移动的彗星中获得信息。

菲莱登陆器

菲莱登陆器

2014年11月12号，小型机器人菲莱登陆器离开罗塞塔号彗星探测器，着陆到目标彗星上。这是一项重大科技成果。虽然菲莱登陆器着陆的位置并不完美，但它仍然发送回了一些目标彗星表面岩石相关的图片和数据。

菲莱登陆器

2016年，罗塞塔号彗星探测器在电源即将耗尽时，故意撞上了彗星。

国际空间站

目前为止，国际空间站是人类在太空中唯一长期有人居住的航天器，它是许多国家的技术人才和专家共同合作取得的典范成就。

航天器设计简介

设计并建造一个供宇航员在失重的地方长期居住和工作的空间站。

航天局：美国国家航空和宇航局及其他15个国家的航天局

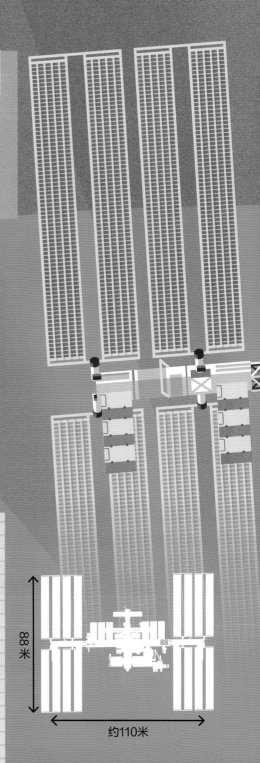

巨大的太空拼图

国际空间站是一个漂浮在太空的巨大科学实验室。这个实验室在太空中组装完成。整个工程开始于1993年，实验室的第一个部件由俄罗斯送进轨道。把剩下的部件全运上去并组装完成，耗费了115次太空飞行。整个实验室由38个部件拼装而成，就像一个巨大的太空拼图。空间站包括实验室、健身区、浴室和一切航天员可能需要的东西。

研究实验室

在国际空间站上，人们研究和学习了很多东西，做了很多的实验，其中包括：

 种植植物；

 研究火；

 研究失重状态对生活的影响；

 观察暗物质和宇宙射线；

 观察地球大气层的变化。

88米

约110米

适应太空的形状

国际空间站里的部件呈各种不同的形状，这样的形状和结构都是为了更好地完成部件各自的职能。

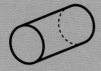

宇航员生活和工作的地方是圆柱体或球体。这样的形状利于内部增压，就像碳酸饮料罐一样。

太阳能板又平又宽，可以从太阳光里吸收更多的能量。

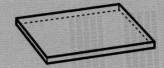

中间部分和太阳能板之间连着一个坚固的钛制桁架，这个桁架的形状是一个接一个的三角形，三角形构成的格子网的结构强度很高，一般用在桥梁上。

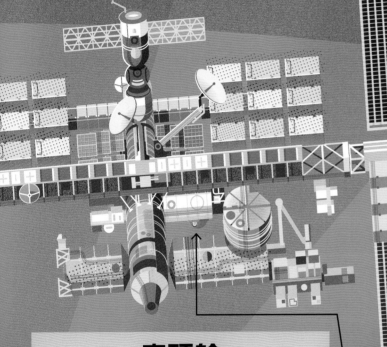

国际空间站的运行轨道距离地球400千米。

穹顶舱

穹顶舱是国际空间站中的一个模块，可以远眺地球。穹顶舱可以看到靠近的航天器和外面的操作。这里是机械臂的控制中心，可以控制机械臂装卸货物，抓住以及修理卫星，同时机械臂也能作为停航锚使用，让宇航员可以走出去。

穹顶舱的窗户材料是经过特别强化的玻璃，窗户还装有活动遮盖板，以避免受到飞行的太空残骸伤害。

威尔金森微波各向异性探测卫星

威尔金森微波各向异性探测卫星是一个著名的小型航天器。这个航天器一直工作到2010年，通过扫描太空，寻找一些问题的线索，比如宇宙的年龄是多少，由什么组成，经过了哪些变化。它找到的答案总能给我们惊喜！

航天器设计简介

设计并建造一个航天器，能够进入一个深入太空寻找大爆炸遗留的宇宙射线的轨道。

参与者：美国国家航空和宇航局、约翰·霍普金斯大学及普林斯顿大学

向心轨道

威尔金森微波各向异性探测卫星发射于2001年，为了获得足够的速度，这个探测卫星经过了复杂的变轨，进入太空中遥远的拉格朗日L2点。它的轨道并不是围绕行星，而更像是钟摆摇摆的形状。这种轨道叫向心轨道。它利用地球、月亮和太阳的引力形成了这个轨道。

威尔金森微波各向异性探测卫星渐渐远离太阳，向外扫描太空，寻找宇宙形成早期留下的热量。探测卫星沿轨道运行时，头部做圆周运动，因此可以360度扫描太空。

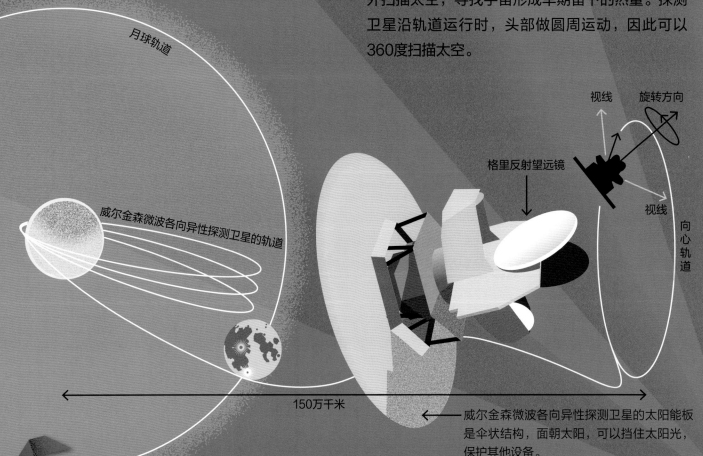

月球轨道

威尔金森微波各向异性探测卫星的轨道

150万千米

视线　旋转方向

格里反射望远镜

视线

向心轨道

威尔金森微波各向异性探测卫星的太阳能板是伞状结构，面朝太阳，可以挡住太阳光，保护其他设备。

扫描太空

威尔金森微波各向异性探测卫星使用了两个背靠背的卡塞格林式反射望远镜，来扫描宇宙微波射线，并以温度形式记录。一次探测两组信息，意味着可以对信息进行比较，就像同时测量相邻的两根绳子一样。读数由反射器传送到望远镜，然后在望远镜内部的镜子上来回反射以加强读数。

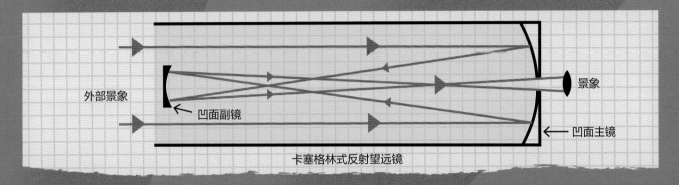

外部景象

凹面副镜

景象

凹面主镜

卡塞格林式反射望远镜

动态发现

威尔金森微波各向异性探测卫星有很多惊人发现。这个探测卫星可以回溯宇宙开始的时候，也就是137.7亿年前。它绘制了一张图，展示了从开始到现在的宇宙。这张地图说明宇宙一直在膨胀，而且膨胀的速度越来越快。

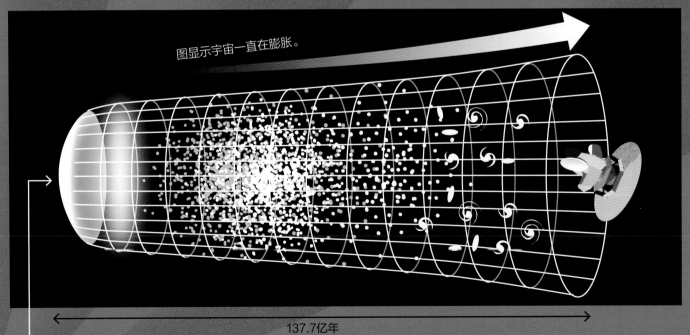

图显示宇宙一直在膨胀。

137.7亿年

这张图显示，宇宙形成2亿年后，星星才开始闪烁。

图也显示出宇宙的构成：4.6%是原子，24%是暗物质，71.4%是暗能量。

勇气号和机遇号火星车

勇气号和机遇号两辆机器人火星车都在2004年登陆了火星，任务是研究火星地质。要做到这一点，它们得在火星上一千米又一千米地不停前进，检测沿途的岩石和矿物。

航天器设计简介

设计并建造可以在火星表面行驶的行星探测车，同时也能够收集岩石并寻找水源。

航天局：美国国家航空和宇航局

火星车上的相机记录发现的信息，并通过无线发射器把信息传回地球。

火星车上的太阳能板每天只能充电四个小时，不过这些能量，足够探测车工作一天。

旋转臂

火星车的左右两边各有3个轮子，而且每一边都有一个摇杆转向架。

摇杆转向架

火星表面布满岩石，因此每辆火星车都使用了一个特别的机械装置——摇杆转向架，帮助探测车在崎岖的地面平稳行驶，不让车体过度摇晃。

旋转臂和6个轮子相连，保证轮子都能接触地面。火星车前行时，轮子摇摆转动的动作，有助于保持车上的装置处于水平状态。

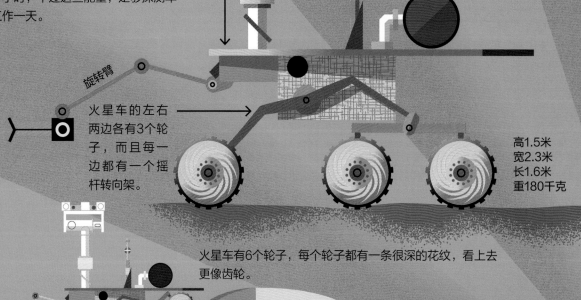

高1.5米
宽2.3米
长1.6米
重180千克

火星车有6个轮子，每个轮子都有一条很深的花纹，看上去更像齿轮。

每个轮子都连着一个发动机，可以前进、后退或转向任何方向，能够在岩石地形上给火星车提供更强的牵引力。

太空舱进入火星大气层。

降落伞和火箭降低
太空舱的速度。

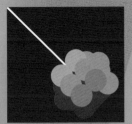

打开安全气囊。

着陆舱着陆并弹跳。

安全气囊放气，
着陆舱打开。

准备出发！

紧急着陆

勇气号和机遇号火星车分别于2003年6月和7月进入太空。它们花费了近七个月的时间才进入环绕火星的轨道。之后，经过一系列谨慎的操作，它们安全到达了火星地表。

着陆舱降落在火星时，首先，使用一个叫作减速伞的坚硬防热罩和降落伞来减速。后置火箭点燃，进一步降低速度。然后，安全气囊打开，在着陆舱降落时起到缓冲作用。着陆舱一落地，安全气囊就会放气。最后，着陆舱支腿打开，支腿经过特殊设计，以确保不管火星车以哪个面着陆，最后都是正面向上。一旦火星车的太阳能电池充满电，它就会开始火星之旅。

发现

火星车通过一个无线设备，把拍到的图片传回地球。勇气号和机遇号火星车的重大发现包括磁性粉尘、陨石及水存在的证据。2010年勇气号终止了通信，2019年机遇号也终止了通信。

上图是2015年机遇号所拍摄的。这张图可以看到火星的表面，还可以看到一个大坑，科学家给它命名圣路易斯精神号石坑，以此纪念1927年独自驾驶飞机不间断飞越大西洋的第一人林白，他当时驾驶的飞机就叫圣路易斯精神号。

趣味实录

太空探索激励了一代又一代的工程创新。但你知道，这些创新科技，有多少已经运用到我们的日常生活中了吗？

很多智能手机的相机使用了**数码技术**，这也是美国国家航空和宇航局为太空任务发明的。

游戏杆可以用来玩电子游戏，不过它们最早是用来操控月球车的。

美国国家航空和宇航局发明的**无线电钻**，最早用来在阿波罗任务中收集月球样本。

航天器的飞行距离

新地平线号探测器，发射于2006年，首要目标是飞往冥王星，将有关这颗尚未被探索的矮行星的信息传回地球。它发回了惊人的照片。最近，它正前往位于柯伊伯带的下一个目的地。

→ 7　8　9　10　11　12　13

单位：距离太阳10亿千米

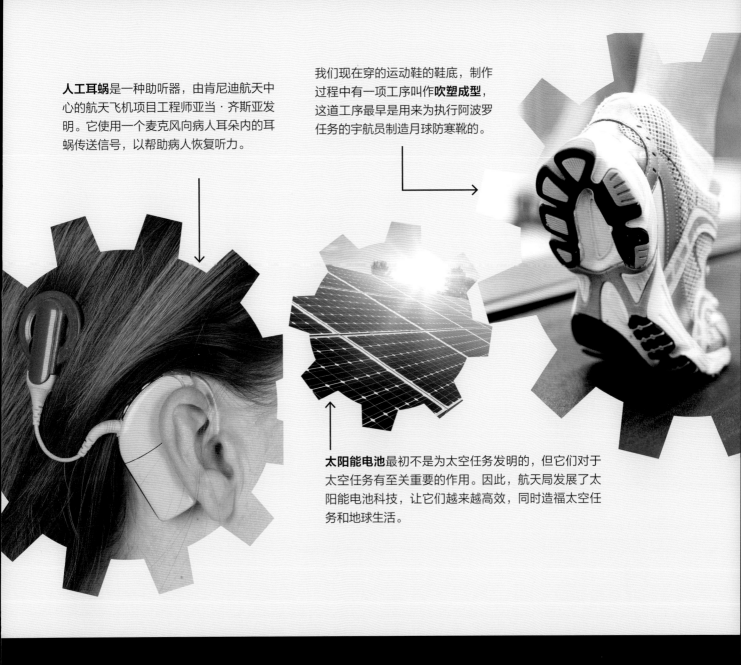

人工耳蜗是一种助听器，由肯尼迪航天中心的航天飞机项目工程师亚当·齐斯亚发明。它使用一个麦克风向病人耳朵内的耳蜗传送信号，以帮助病人恢复听力。

我们现在穿的运动鞋的鞋底，制作过程中有一项工序叫作**吹塑成型**，这道工序最早是用来为执行阿波罗任务的宇航员制造月球防寒靴的。

太阳能电池最初不是为太空任务发明的，但它们对于太空任务有至关重要的作用。因此，航天局发展了太阳能电池科技，让它们越来越高效，同时造福太空任务和地球生活。

先驱者11号，发射于1973年，飞过了土星，发回了关于土星的照片，让我们发现了土星的另一个光环及两颗新卫星。

先驱者10号，发射于1972年，飞过了木星，并继续飞向更远的地方。这是第 个穿过小行星带的航天器，它连续25年向地球传回信号。

旅行者2号

旅行者1号

15　　16　　17　　18　　19　　20　　21

单位：距离太阳10亿千米

词汇表

暗能量

驱动宇宙运动的一种能量。它和暗物质都不会吸收、反射或者辐射光。

暗物质

由天文观测推断存在于宇宙的不发光物质。

弹射座椅

通过一个小型爆破装置，能够从飞行器中安全弹出的座椅。

彗星

绕太阳运行的一种天体。

柯伊伯带

一种理论推测认为短周期彗星是来自太阳50～500天文单位的一个环带，这个区域称为柯伊伯带。

拉格朗日L2点

拉格朗日点是指卫星受太阳、地球两大天体引力作用，能保持相对静止的点，共有5个。其中L2点位于日地连线上，在L2点卫星消耗很少的燃料即可长期驻留，是探测器、天体望远镜定位和观测太阳系的理想位置。

牵引力

带动运动中的物体在其运动表面上克服阻力前行的力。

太空任务

进入太空搜集信息的计划或征途。

太阳系

太阳和以太阳为中心，受它引力支配而环绕它运动的天体所构成的系统。

天线
可以收发电磁波的装置。

推力
发动机产生的力量，帮助火箭或飞机克服自身的重力，向上飞起。

无线电波
一种电磁波，对远程通信非常有用。

小行星带
在火星与木星的轨道之间的小行星集中区域。

星际空间
恒星之间的空间。

星系
由几亿至上万亿颗恒星和星际物质构成的庞大天体系统。太阳系就属于银河系。

星云
由气体和尘埃组成，在太阳系外银河系空间的云雾状天体。

原子
组成单质和化合物分子的最小微粒。

索引